高等职业教育建筑电气工程技术专业教学基本要求

高职高专教育土建类专业教学指导委员会
建筑设备类专业分指导委员会 编制

中国建筑工业出版社

图书在版编目(CIP)数据

高等职业教育建筑电气工程技术专业教学基本要求 /高
职高专教育土建类教学指导委员会建筑设备类专业分指导
委员会编制. —北京：中国建筑工业出版社，2014.11
　ISBN 978-7-112-17506-2

Ⅰ.①高…　Ⅱ.①高…　Ⅲ.①房屋建筑设备-电气设备-
高等职业教育-教学参考资料　Ⅳ.①TU85

中国版本图书馆 CIP 数据核字（2014）第 269760 号

　　责任编辑：朱首明　李　阳
　　责任设计：李志立
　　责任校对：李美娜　关　健

高等职业教育建筑电气工程技术专业教学基本要求
高职高专教育土建类专业教学指导委员会
建筑设备类专业分指导委员会 编制
*
中国建筑工业出版社出版、发行(北京西郊百万庄)
各地新华书店、建筑书店经销
北京红光制版公司制版
北京七彩京通数码快印有限公司印刷
*
开本：787×1092 毫米　1/16　印张：6¾　字数：160 千字
2014 年 12 月第一版　　2014 年 12 月第一次印刷
定价：**22.00** 元
ISBN 978-7-112-17506-2
(26720)

土建类专业教学基本要求审定委员会名单

主　任：吴　泽

副主任：王凤君　袁洪志　徐建平　胡兴福

委　员：（按姓氏笔画排序）

丁夏君　马松雯　王　强　危道军　刘春泽

李　辉　张朝晖　陈锡宝　武　敬　范柳先

季　翔　周兴元　赵　研　贺俊杰　夏清东

高文安　黄兆康　黄春波　银　花　蒋志良

谢社初　裴　杭

出 版 说 明

近年来，土建类高等职业教育迅猛发展。至 2011 年，开办土建类专业的院校达 1130 所，在校生近 95 万人。但是，各院校的土建类专业发展极不平衡，办学条件和办学质量参差不齐，有的院校开办土建类专业，主要是为满足行业企业粗放式发展所带来的巨大人才需求，而不是经过办学方的长远规划、科学论证和科学决策产生的自然结果。部分院校的人才培养质量难以让行业企业满意。这对土建类专业本身的和土建类专业人才的可持续发展，以及服务于行业企业的技术更新和产业升级带来了极大的不利影响。

正是基于上述原因，高职高专教育土建类专业教学指导委员会（以下简称"土建教指委"）遵从"研究、指导、咨询、服务"的工作方针，始终将专业教育标准建设作为一项核心工作来抓。2010 年启动了新一轮专业教育标准的研制，名称定为"专业教学基本要求"。在教育部、住房和城乡建设部的领导下，在土建教指委的统一组织和指导下，由各分指导委员会组织全国不同区域的相关高等职业院校专业带头人和骨干教师分批进行专业教学基本要求的开发。其工作目标是，到 2013 年底，完成《普通高等学校高职高专教育指导性专业目录（试行）》所列 27 个专业的教学基本要求编制，并陆续开发部分目录外专业的教学基本要求。在百余所高等职业院校和近百家相关企业进行了专业人才培养现状和企业人才需求的调研基础上，历经多次专题研讨修改，截至 2012 年 12 月，完成了第一批 11 个专业教学基本要求的研制工作。

专业教学基本要求集中体现了土建教指委对本轮专业教育标准的改革思想，主要体现在两个方面：

第一，为了给各院校留出更大的空间，倡导各学校根据自身条件和特色构建校本化的课程体系，各专业教学基本要求只明确了各专业教学内容体系（包括知识体系和技能体系），不再以课程形式提出知识和技能要求，但倡导工学结合、理实一体的课程模式，同时实践教学也应形成由基础训练、综合训练、顶岗实习构成的完整体系。知识体系分为知识领域、知识单元和知识点三个层次。知识单元又分为核心知识单元和选修知识单元。核心知识单元提供的是知识体系的最小集合，是该专业教学中必要的最基本的知识单元；选修知识单元是指不在核心知识单元内的那些知识单元。核心知识单元的选择是最基本的共性的教学要求，选修知识单元的选择体现各校的不同特色。同样，技能体系分为技能领域、技能单元和技能点三个层次组成。技能单元又分为核心技能单元和选修技能单元。核心技能单元是该专业教学中必要的最基本的技能单元；选修技能单元是指不在核心技能单元内的那些技能单元。核心技能单元的选择是最基本的共性的教学要求，选修技能单元的选择体现各校的不同特色。但是，考虑到部分院校的实际教学需求，专业教学基本要求在附录1《专业教学基本要求实施示例》中给出了课程体系组合示例，可供有关院校参考。

第二，明确提出了各专业校内实训及校内实训基地建设的具体要求（见附录2），包括：实训项目及其能力目标、实训内容、实训方式、评价方式，校内实训的设备（设施）配置标准和运行管理要求，实训师资的数量和结构要求等。实训项目分为基本实训项目、选择实训项目和拓展实训项目三种类型。基本实训项目是与专业培养目标联系紧密，各院校必须开设，且必须在校内完成的职业能力训练项目；选择实训项目是与专业培养目标联系紧密，各院校必须开设，但可以在校内或校外完成的职业能力训练项目；拓展实训项目是与专业培养目标相联系，体现专业发展特色，可根据各院校实际需要开设的职业能力训练项目。

受土建教指委委托，中国建筑工业出版社负责土建类各专业教学基本要求的出版发行。

土建类各专业教学基本要求是土建教指委委员和参与这项工作的教师集体智慧的结晶，谨此表示衷心的感谢。

高职高专教育土建类专业教学指导委员会
2012年12月

前　言

《高等职业教育建筑电气工程技术专业教学基本要求》是根据教育部《关于委托各专业类教学指导委员会制（修）定"高等职业教育专业教学基本要求"的通知》（教职成司函【2011】158号）和住房和城乡建设部的有关要求，在高职高专教育土建类专业教学指导委员会的领导下，由建筑设备类专业分指导委员会组织编制完成。

本教学基本要求编制过程中，编制组经过广泛调查研究，吸收了国内外高等职业院校在建筑电气工程技术专业建设方面的成功经验，经过广泛征求意见和多次修改的基础上，最后经审查定稿。本要求是高等职业教育建筑电气工程技术专业建设的指导性文件。

本教学基本要求主要内容有：专业名称、专业代码、招生对象、学制与学历、就业面向、培养目标与规格、职业证书、教育内容及标准、专业办学基本条件和教学建议、继续学习深造建议；包括两个附录："建筑电气工程技术专业教学基本要求实施示例"和"高职高专教育建筑电气工程技术专业校内实训及校内实训基地建设导则"。

本要求适用于以普通高中毕业生为招生对象、三年学制的建筑电气工程技术专业，教育内容包括知识体系和技能体系，倡导各院校根据自身条件和特色构建校本化的课程体系，课程体系应覆盖本专业教学基本要求知识体系的核心知识单元和技能体系的核心技能单元；倡导工学结合、理实一体的课程模式。

本教学基本要求由高职高专教育土建类专业教学指导委员会负责管理，由高职高专教育土建类专业教学指导委员会建筑设备类专业分指导委员会组织编写，由黑龙江建筑职业技术学院负责具体教学基本要求条文的解释。使用过程中如有意见和建议，请寄送黑龙江建筑职业技术学院（地址：哈尔滨市利民开发区学院路黑龙江建筑职业技术学院，邮编：150025）。

主编单位：黑龙江建筑职业技术学院

参编单位：湖南建筑职业技术学院　辽宁建筑职业技术学院

主要起草人员：孙景芝　李梅芳　尹秀妍　韩永学　柴　秋　温红真　杨玉红
　　　　　　　高　影　王宏玉　王　欣　张　恬　李明君　于昆伦　颜凌云
　　　　　　　黄　河　孙　毅　方忠祥　郭红全

主要审查人员：刘春泽　高文安　王青山　余增元　谢社初　金湖庭　陈小荣
　　　　　　　温　雯　沈瑞珠　张彦礼等

专业指导委员会衷心地希望，全国各有关高职院校能够在本文件的原则性指导下，进行积极的探索和深入的研究，为不断完善供热通风与空调工程技术专业的建设与发展作出自己的贡献。

高职高专教育土建类专业教学指导委员会
建筑设备类专业分指导委员会

目　　录

高等职业教育建筑电气工程技术专业教学基本要求

1 专业名称

建筑电气工程技术

2 专业代码

560403

3 招生对象

普通高中毕业生

4 学制与学历

三年制、专科

5 就业面向

5.1 就业职业领域

主要在建筑安装企业从事建筑电气施工技术与施工管理、从事建筑电气工程的供电与照明设计与施工、消防工程设计与施工、建筑电气工程设计与施工、弱电工程设计与施工、建筑电气设备运行管理与维护、建筑电气工程造价、建筑电气工程组织管理与内业、工程监理等。

5.2 初始就业岗位群

从事建筑电气行业的施工技术与施工管理工作的安装施工员（电气）、造价员、质量员、安全员、资料员。

5.3 发展或晋升岗位群

二级注册建造师获取时间 2 年，一级注册建造师获取时间 5 年，经过 5～8 年能获取注册电气工程师。

6 培养目标与规格

6.1 培养目标

本专业培养适应新世纪我国社会主义现代化建设需要的德、智、体、美全面发展，掌握必备的专业基础理论知识，具有本专业及相关领域岗位能力和专业技能，能在建筑电气领域从事设计、施工、调试、管理与维护等工作岗位的技术技能人才。

6.2 人才培养规格

1. 基本素质要求

（1）思想道德素质：热爱祖国，拥护党的基本路线和方针政策；有民主法制观念；有理论联系实际、实事求是的科学态度；有艰苦奋斗、团结合作、实干创新的精神；具备良好的社会公德和职业道德。

（2）文化素质：拥有本专业实际工作所必需的专业文化素质，同时拥有一定的文学、历史、哲学、艺术等人文社会科学方面的文化素质；有较高的文化品位、审美情趣、人文素养和科学素质；较严谨的逻辑思维能力和准确的语言、文字表达能力。

（3）身心素质：具有体育运动基本素质，初步的军事素质，科学锻炼身体，达到国家规定的大学生体育合格标准，具有良好的身体素质；具有积极的竞争意识、较强的自信心和强烈的进取心，良好的心理素质，有宽阔胸怀、坚韧不拔的精神和抗挫折能力。

（4）专业素质：具有较强的质量意识、系统意识、规范意识、环保意识、安全意识；具有开拓精神、创新意识和创业能力；具备技术知识更新的能力和适应不同岗位需求变化的能力。

2. 知识要求

（1）具备本专业所必需的数学、英语、计算机应用知识；

（2）具备电工技术、电子技术的基本理论知识；

（3）具备建筑构造基本知识；

（4）了解建筑电气工程在国内外的新技术、新材料、新工艺、新设备以及专业发展趋势；

（5）具备建筑供配电与照明工程、建筑电气消防工程、建筑电气弱电与综合布线的系统组成、基本原理、工艺布置知识，并具备相应的设计计算、施工图绘制与识读的基本知识；

（6）具备建筑供配电与照明工程、建筑电气消防工程、建筑电气弱电与综合布线施工验收技术规范、质量评定标准和安全技术规程应用的知识；

（7）具备建筑电气设备的安装、调试、操作及维护知识；

（8）具备编制建筑电气安装工程造价及单位工程施工组织设计与施工方案的知识；

（9）具备建筑电气工程合同、招投标和施工企业管理（含施工项目管理）的基本知识。

3. 职业能力要求

（1）社会能力

1）具有较强人际交往能力；

2）具有一定的公共关系处理能力；

3）具有一定的语言表达和写作能力；

4）具有劳动组织与专业协调能力；

5）具有良好的职业态度、工作责任心、价值观、道德观、身心健康等综合素质。

（2）方法能力

1）具有个人职业生涯规划能力；

2）具有独立学习和继续学习能力；

3）具有较强的决策能力；

4）具有适应职业岗位变化的能力。

（3）专业能力

1）具有阅读一般性专业英语技术资料能力；

2）具备计算机基本操作和应用能力；

3）具有机械基础、工程制图与识图能力；

4）具有中小建筑工程供配电与照明设计初步能力；

5）具有建筑供配电与照明工程施工能力；

6）具有建筑弱电系统设计与施工能力；

7）具有建筑电气消防系统设计与施工能力；

8）具有安装工程施工组织设计与工程管理的初步能力；

9）具有建筑电气工程造价与招投标能力；

10）具有建筑电气设备安装、调试、维护操作能力；

11）具有建筑电气设备与产品的选型、销售与管理能力。

4. 职业态度要求

（1）具有坚定正确的政治方向，良好的社会公德、职业道德和诚信品质；

（2）具有解放思想、实事求是的科学态度；

（3）爱岗敬业、精益求精、积极向上、勇于创新；

（4）具有吃苦耐劳、艰苦奋斗的精神；

（5）遵纪守法，廉洁奉公；

（6）严格遵守行业专业规范、标准；

（7）团结友爱、团队协作。

7 职业证书

安装工程施工员、造价员、质量员、材料员、资料员资格证书，高级维修电工证书、综合布线技术培训证书、计算机应用等级证书、智能楼宇管理员等职业资格证书。

升迁后的职业资格证书有：注册建造师、注册电气工程师、智能楼宇管理师、楼宇自控系统工程师、网络工程师、监理工程师、电气工程师、智能化系统工程师。

8 教育内容及标准

8.1 专业教育内容体系的构架思路

以建筑电气设备安装和施工组织管理岗位为主要培养目标，按照岗位工作活动过程完成素质、能力、知识的解构，参照建筑电气安装施工员等职业资格标准和国际行业标准，确定岗位的职业能力，实现专业课程体系的构架，形成融理论、实践于一体的职业岗位课程体系。

1. 公共学习领域

公共学习领域包含入学军训教育、大学生心理健康教育、"两课"、体育、大学英语、应用文写作、计算机应用基础以及专业所需的基本素质等相关课程。此学习领域在实施教学时，分阶段、分项目融入专业学习领域与专业拓展学习领域课程之中。

2. 专业学习领域

根据职业工作流程或典型工作任务划分为一系列基于工作过程的学习领域，由具体学习单元构成并实施。

3. 职业拓展学习领域

由专业素质拓展课程和公共拓展课程组成，包括职业生涯规划专题讲座、就业指导专题讲座、专业能力拓展课程、顶岗实习、职业素质拓展（如艺术欣赏、社交礼仪等）。

职业岗位、职业核心能力与知识领域间关系见表1。

建筑电气工程技术专业职业岗位、职业核心能力与知识领域间关系 表1

职业岗位	职业岗位核心能力	主要知识领域
建筑安装企业电气工程施工员	1. 具有识读电气施工图能力； 2. 常用工具的使用能力； 3. 高低压柜的安装能力； 4. 动力、照明工程布线施工能力； 5. 消防系统设备安装施工能力； 6. 弱电系统安装施工能力； 7. 局域网与综合布线系统施工能力； 8. 建筑设备系统安装施工能力； 9. 编制安装工程施工组织计划能力； 10. 竣工验收与绘制竣工图能力	1. 施工图识读、绘制的基本知识； 2. 工程施工工艺和方法知识； 3. 工程材料的基本知识； 4. 计算机文字表格处理知识； 5. 施工组织知识； 6. 施工管理基本知识； 7. 人文社会科学知识； 8. 国家工程建设相关法律法规知识

4

职业岗位	职业岗位核心能力	主要知识领域
建筑安装企业电气工程造价员	1. 具有识读电气施工图能力； 2. 具有收集查阅资料的能力； 3. 具有从事建筑电气工程造价的能力； 4. 具有编制工程预结算能力； 5. 具有工程量清单报价能力； 6. 具有建筑电气工程预算的审核能力； 7. 具有使用预算软件的能力； 8. 具有获得建筑电气造价员证书的能力	1. 施工图识读基本知识； 2. 工程施工工艺和方法知识； 3. 工程量清单的编制及计价知识； 4. 工程计价软件的应用知识； 5. 招标投标知识； 6. 人文社会科学知识； 7. 国家工程建设相关法律法规知识
建筑安装企业电气工程安全员	1. 参与编制项目安全生产管理计划能力； 2. 参与对施工机械、临时用电、消防设施进行安全检查，对防护用品与劳保用品进行符合性判断能力； 3. 组织实施项目作业人员的安全教育培训能力； 4. 参与编制安全专项施工方案能力； 5. 参与编制安全技术交底文件并实施安全技术交底能力； 6. 参与编制安全事故应急救援预案能力； 7. 识别施工现场危险源，并对安全隐患和违章作业进行处置能力； 8. 参与安全事故的救援处理、调查分析能力； 9. 参与项目文明工地、绿色施工管理能力； 10. 编制、收集、整理施工安全资料能力	1. 施工图识读基本知识； 2. 施工现场安全管理知识； 3. 施工项目安全生产管理计划的内容和编制知识； 4. 安全专项施工方案的内容和编制知识； 5. 施工现场安全事故的防范知识； 6. 安全事故救援处理知识； 7. 人文社会科学知识； 8. 国家工程建设相关法律法规知识
建筑安装企业电气工程资料员	1. 具有工程资料的收集、整理、立卷、归档、保管能力； 2. 具有对施工中各种会议的记录、整理、会签能力； 3. 具有施工中各种试件的取样、送检、结果回索、上报、分类保管能力； 4. 具有各种工程信息的收集、传递、反馈能力； 5. 参与编制施工资料管理计划能力； 6. 进行施工资料交底能力； 7. 参与建立施工资料计算机辅助管理平台能力； 8. 应用专业软件进行施工资料的处理能力	1. 施工图识读、绘制的基本知识； 2. 工程施工工艺和方法知识； 3. 工程竣工验收备案管理知识； 4. 城建档案管理、施工资料管理及建筑业统计的基础知识； 5. 资料安全管理知识； 6. 人文社会科学知识； 7. 国家工程建设相关法律法规知识
建筑安装企业电气工程质量员	1. 专业工程项目施工图的识读能力； 2. 编制施工项目质量计划能力； 3. 评价材料、设备质量能力； 4. 判断施工试验结果能力； 5. 能够确定施工质量控制点； 6. 能够参与编写质量控制措施等质量控制文件，并实施质量交底； 7. 进行工程质量检查、验收、评定专业工程项目施工图的识读能力； 8. 识别质量缺陷，并进行分析和处理专业工程项目施工图的识读能力； 9. 调查、分析质量事故，提出处理意见能力； 10. 编制、收集、整理质量资料专业工程项目施工图的识读能力； 11. 沟通交流能力	1. 施工图识读基本知识； 2. 工程施工工艺和方法知识； 3. 工程材料的基本知识； 4. 工程质量管理的基本知识； 5. 材料试验的内容、方法和判定标准； 6. 工程质量问题的分析、预防及处理方法； 7. 人文社会科学知识； 8. 国家工程建设相关法律法规知识

8.2 专业教学内容及标准

1. 专业知识、技能体系

(1) 建筑电气工程技术专业知识体系一览表见表 2。

建筑电气工程技术专业知识体系一览表　　　　　　　　表 2

知识领域	知识单元		知识点
1. 电工与电子技术	核心知识单元	(1) 电工基本知识	1) 电路基本定律; 2) 直流电路的分析方法; 3) 正弦交流电路相量分析方法
		(2) 电子基本知识	1) 二极管与三极管; 2) 放大电路; 3) 功率放大器; 4) 直流稳压电源; 5) 集成运算放大器
		(3) 变压器与电动机	1) 变压器; 2) 电动机
	选修知识单元	印刷电路板技术	1) 印刷电路板结构与功能; 2) 印制电路板制作程序
2. 建筑电气CAD	核心知识单元	(1) 绘图基础知识	1) 坐标输入法; 2) 绘图环境
		(2) 绘图命令和编辑命令	1) 常用绘图命令; 2) 常用编辑命令
		(3) 标注方法	1) 文字标注方法; 2) 尺寸标注方法
		(4) 图块	1) 图块的基本概念; 2) 图块属性
		(5) 图形输出	1) 模型空间打印; 2) 布局空间打印
	选修知识单元	三维图形	1) 实体图形; 2) 自定义坐标系
3. 建筑弱电工程技术	核心知识单元	(1) 有线电话系统	1) 电话系统的组成; 2) 电话传输线路
		(2) 卫星接收与有线电视系统	1) 有线电视系统组成; 2) 电视信号的传播知识
		(3) 闭路电视监控系统	1) 闭路监控系统组成与原理; 2) 闭路电视监控系统主要设备与控制形式
		(4) 广播音响系统	1) 广播音响系统组成; 2) 常用设备及其功能
		(5) 安全防范系统	1) 防盗报警系统构成、工作过程; 2) 停车场系统系统的组成、工作过程; 3) 可视对讲系统组成
	选修知识单元	智能小区安防综合系统	1) 系统组成; 2) 工作过程

知 识 领 域	知 识 单 元		知 识 点
4. 变频调速与PLC	核心知识单元	（1）变频器概论	1）变频技术一般概念； 2）变频器结构、分类； 3）变频技术发展方向
		（2）变频器基本知识	1）变频技术基础； 2）变频器工作原理； 3）变频控制电机机械特性分析
		（3）变频器的特点及工作原理	1）电压型交-直-交变频器特点； 2）电力晶体管通用型PWM变频器工作原理
		（4）三菱FX系列PLC的认知与工作原理	1）PLC的产生； 2）PLC组成与作用； 3）PLC工作原理
		（5）三菱FX系列PLC的基本指令与编程方法	1）PLC基本指令使用方法； 2）PLC的常见编程语言
		（6）PLC多种控制设计方法	1）自锁、连锁控制编程方法； 2）时间控制编程方法； 3）顺序控制编程方法
		（7）PLC的系统设计方法	1）PLC系统设计基本内容； 2）PLC系统设计步骤
	选修知识单元	（1）变频调速系统	变频调速系统的特点及应用分析
		（2）PLC维护运行	PLC常见故障分析
5. 建筑供配电工程与照明技术	核心知识单元	（1）电力系统	1）电力系统组成； 2）中性点接地方式； 3）变配电系统一次接线
		（2）计算负荷	1）负荷的分级； 2）不同负荷对供电系统的要求； 3）负荷计算
		（3）变电所	1）变电所组成及作用； 2）电力变压器； 3）高、低压电气设备
		（4）配电线路	1）导线类型； 2）线缆选择原则与方法
		（5）无功补偿	1）功率因数； 2）功率因数提高方法
		（6）建筑防雷与接地	1）雷电的形成及危害； 2）防雷措施； 3）防雷计算； 4）等电位联结

知识领域	知识单元		知识点
5. 建筑供配电工程与照明技术	核心知识单元	（7）照明基本知识	1）照明工程术语； 2）照明的方式和种类； 3）照明质量的评价
		（8）电光源与灯具	1）常用电光源； 2）照明灯具及其特性
		（9）建筑电气照明设计	1）建筑电气照明设计程序； 2）室内灯具布置方式； 3）室内照度计算方法； 4）照明控制与节能
	选修知识单元	（1）短路电流	1）短路危害、分类； 2）短路参数； 3）短路电流计算方法
		（2）变电所的继电保护	1）继电保护类型； 2）常用的继电器； 3）常见接线方式
		（3）照明测量技术	1）常用测量仪器； 2）测量条件与方法
6. 建筑电气控制系统安装与调试	核心知识单元	（1）低压电器	1）低压电器名称与符号； 2）低压电器的功能
		（2）典型控制电路	1）直接启动控制电路； 2）制动控制电路； 3）正反转控制电路； 4）调速控制电路； 5）顺序控制电路
	选修知识单元	定时控制电路	1）时间继电器； 2）定时控制工作过程
7. 建筑消防电气技术	核心知识单元	（1）建筑消防系统基本知识	1）建筑消防系统组成； 2）火灾形成及原因分析； 3）高层建筑的特点及相关区域的划分； 4）消防系统设计、施工及维护技术依据
		（2）火灾自动报警系统构造及原理	1）火灾自动报警系统概述； 2）火灾探测器选择、布置、安装与接线方法； 3）消防系统附件的选择与应用； 4）火灾报警控制器的选用； 5）火灾自动报警系统
		（3）消防灭火系统	1）消防给水（灭火）系统概述； 2）消火栓灭火系统构造及原理； 3）自动喷水灭火系统组成及原理； 4）气体灭火系统组成及原理
		（4）消防联动系统组成及控制	1）消防广播与通信系统的联动控制； 2）火灾事故照明与疏散诱导系统设置与联动控制； 3）防排烟设备的设置与联动控制； 4）消防电梯联动联动控制
	选修知识单元	消防系统调试、验收与维护	1）消防系统设备、仪器检测与维护方法； 2）消防系统调试的程序与方法

知识领域	知识单元		知 识 点
8. 建筑电气工程施工	核心知识单元	（1）建筑电气工程施工认知	1）电气工程施工特点； 2）施工前的准备工作； 3）与土建工程的施工配合
		（2）电气施工常用材料、工具及测量仪表	1）常用材料； 2）绝缘导线的连接方法； 3）常用工具、测量仪表
		（3）室内配线工程	1）基本原则及一般要求； 2）线管配线； 3）钢索配线
		（4）电缆线路	1）电缆的型号、名称； 2）电缆敷设方法； 3）电缆头制作方法
		（5）变配电设备工程	1）变压器； 2）成套配电柜； 3）硬母线； 4）绝缘子与穿墙套管
		（6）照明装置	1）常用灯具； 2）开关、插座、照明配电箱
		（7）防雷与接地装置	1）防雷装置； 2）接地装置； 3）等电位联结
	选修知识单元	电动机	1）安装前检查要求； 2）接线方法； 3）干燥方法
9. 建筑电气工程施工组织管理	核心知识单元	（1）建设工程招投标及合同管理	1）建设工程招标方式及条件； 2）建设工程招投标程序； 3）建设工程合同的管理
		（2）施工企业管理	1）施工管理； 2）计划管理； 3）技术管理； 4）质量管理； 5）安全管理； 6）项目管理
		（3）施工进度管理	1）流水施工组织的编制方法； 2）网络计划技术的编织方法
	选修知识单元	网络计划技术	1）单代号网络图的编制方法； 2）时标型网络图的编制方法； 3）搭接网络图的编制方法

知 识 领 域	知 识 单 元		知 识 点
10. 电气工程造价	核心知识单元	（1）建筑安装工程费用项目组成	1）基本建设项目； 2）建筑安装工程费用项目组成； 3）建筑安装工程计价程序
		（2）电气工程计价定额	1）人工定额编制方法； 2）材料消耗定额编制方法； 3）机械台班使用定额编制方法
		（3）电气工程施工图预算	1）电气工程施工图预算的编制方法； 2）电气工程工程量清单计价理论
	选修知识单元	（1）电气工程招标、投标	1）建设工程招投标的基本概念； 2）电气工程招标概述； 3）电气工程投标概述
		（2）建设工程计价软件的应用	1）建设工程计价软件的作用； 2）建设工程计价软件

（2）建筑电气工程技术专业技能体系一览表见表3。

建筑电气工程技术专业技能体系一览表　　　　表 3

技 能 领 域	技 能 单 元		技 能 点
1. 电路测量与分析	核心技能单元	（1）电压、电流测量	1）仪器仪表（直流稳压电源、万用表、数字电压表、数字电流表）使用； 2）测量线路连接； 3）电压和电流测量
		（2）电工定律、定理验证	1）验证线路设计； 2）电路连接（基尔霍夫定律、叠加定理、戴维宁定理）； 3）参数测量； 4）数据分析
		（3）日光灯电路安装与测量	1）实验电路连接； 2）数据测量与记录； 3）功率因数改善分析
		（4）三相电路接线与测量	1）测量线路设计； 2）三相电路连接； 3）参数测量； 4）数据分析
		（5）晶体管的测试	1）二极管管脚识别； 2）二极管质量检测； 3）三极管管脚识别； 4）三极管质量检测
		（6）放大电路参数测量与分析	1）静态工作点的调试； 2）放大器放大倍数的测定； 3）负反馈放大电路的参数测定与分析

技 能 领 域	技 能 单 元		技 能 点
1. 电路测量与分析	选修技能单元	（1）变压器参数的测定	1）变压器空载和短路参数测试； 2）变压器输出参数测试
		（2）三相异步电动机参数测定	1）启动电流测定； 2）三级调速转速测定； 3）空载转速测定
		（3）电子产品装接	1）电子元器件识别； 2）常用电子测量仪器使用； 3）电子设备制作、装调； 4）电子电路故障查找及排除； 5）收音机装配
2. 绘制电气施工图	核心技能单元	（1）电气平面图绘制	1）建筑平面图绘制； 2）照明、消防平面图的绘制； 3）平面图标注、编辑与修改； 4）标题栏绘制； 5）照明、消防、弱电及控制系统图绘制案例解析
		（2）电气系统图绘制	1）系统图绘制； 2）参数标注； 3）系统图编辑与修改； 4）图纸保存与输出
	选修技能单元	电气控制图的绘制	1）元器件符号绘制； 2）控制电路绘制
3. 建筑弱电工程设计与施工	核心技能单元	（1）电话系统线路设计	1）电缆配线方式选择； 2）电缆配线接续设备的安装与使用； 3）用户线路的敷设
		（2）闭路监控系统的调试与验收	1）系统的调试； 2）系统工程验收
		（3）广播音响系统安装与调试	1）系统线路连接； 2）功放与线路扬声器的配接
		（4）楼宇可视对讲系统安装与调试	1）系统的布线； 2）系统设备安装与调试
		（5）报警设备的选择和安装	1）报警设备的选择； 2）报警设备的安装
	选修技能单元	（1）建筑设备监控系统设计	1）监控方案设计； 2）设备选型； 3）建筑设备监控系统图绘制
		（2）光纤的熔接	1）工具及设备准备； 2）光纤熔接
		（3）光纤传输通道测试	1）仪器设备、器件认识及准备； 2）绘制光纤传输通道测试连接； 3）光纤链路损耗测试； 4）测试记录与分析
		（4）110型配线架连接与信息插座的端接	1）工具准备； 2）110型配线架安装； 3）信息插座安装； 4）双绞线与110型配线架连接； 5）双绞线信息插座端接； 6）线路验证测试

技能领域	技能单元		技能点
4. 变频调速	核心技能单元	(1) 变频器的基本操作	1) 变频器面板操作； 2) 变频器的组装接线
		(2) 变频器的基本应用	1) 变频器的点动控制； 2) 变频器的正反转控制； 3) 变频器的多段速控制
	选修技能单元	通用变频器在典型控制系统中的应用	1) 物料小车控制； 2) 物料传送分拣控制系统
5. PLC 编程	核心技能单元	(1) FX 系列 PLC 机器硬件认识及使用	1) 认识 FX 系列 PLC 外部端子的功能及连接方法；I/O 点的编号、分类及使用注意事项； 2) 使用 F1-20P 手持编程器
		(2) 基本逻辑指令的编程	1) FX 系列 PLC 的编程； 2) F1-20P 手持编控器编程； 3) 与、或、非逻辑指令的编程； 4) 梯形图指令实现
		(3) 定时器和计数器系统编程	1) FX 系列 PLC 的定时器、计数器编程； 2) 定时器、计数器参数功能扩展编程
	选修技能单元	十字路口交通信号灯控制程序编程	1) 交通信号灯控制系统控制程序编写； 2) 程序运行； 3) 程序调试
6. 建筑照明工程设计	核心技能单元	(1) 照明工程光照设计	1) 灯具选择； 2) 灯具布置； 3) 照度计算； 4) 照明工程平面图的识读与绘制
		(2) 照明工程电气设计	1) 照明负荷计算； 2) 导线及开关设备选择； 3) 保护设备选择； 4) 照明系统图的绘制
	选修技能单元	(1) 建筑物立面照明和街景照明设计	1) 光源的选择； 2) 设计计算
		(2) 舞台灯光设计	1) 光源的选择； 2) 设计计算
7. 供配电系统设计与监测	核心技能单元	(1) 负荷计算	1) 单台设备负荷计算； 2) 设备组负荷计算； 3) 干线上的负荷计算； 4) 母线上的负荷计算； 5) 负荷计算表的填制
		(2) 无功补偿计算	1) 功率因数的计算； 2) 补偿电容的计算
		(3) 电气设备的选择与校验	1) 电气设备的选择； 2) 电气设备的校验

技 能 领 域	技 能 单 元		技 能 点
7. 供配电系统设计与监测	核心技能单元	（4）施工现场临时用电设计	1）确定供电方案； 2）进行负荷计算； 3）变压器选择； 4）设计配电系统； 5）确定防护措施
	选修技能单元	（1）电力系统模拟监测	1）电力系统模拟操作盘监测； 2）模拟运行操作； 3）电力系统电气参数监测； 4）故障排除
		（2）防雷计算	1）雷击次数的计算； 2）避雷针保护范围的计算
8. 建筑电气控制工程安装与调试	核心技能单元	（1）继电—接触控制电路安装	1）常用低压电器（开关、交流接触器、热继电器、熔断器）选用与安装； 2）典型控制（点动控制、正反转控制、反接制动控制、调速控制等）线路的设计与装接
		（2）建筑常用控制系统设备安装	1）给水排水控制方案设计； 2）锅炉房动力设备控制电路安装及调试； 3）空调设备控制电路安装及调试； 4）电梯控制系统编程及排故
	选修技能单元	可编程控制器编程	1）电梯控制编程； 2）锅炉控制编程
9. 建筑消防设备安装与调试	核心技能单元	（1）火灾自动报警系统设计、安装与调试	1）火灾自动报警系统设计； 2）火灾自动报警系统设备安装； 3）火灾报警系统调试
		（2）消防联动控制线路及设备安装调试	1）消防水泵联动控制系统安装与调试； 2）防排烟设备的联动控制与安装； 3）消防广播通信系统设计与安装； 4）应急照明与疏散指示标志的联动控制与安装； 5）消防电梯的联动控制； 6）消防联动系统识图训练
	选修技能单元	（1）气体灭火系统安装调试	1）气体灭火报警系统设计选型； 2）气体灭火装置、管网安装； 3）气体灭火报警系统调试
		（2）火灾自动报警与联动控制系统检测与维护	1）消防系统检测验收； 2）消防系统的维护运行； 3）消防系统故障排除

技能领域	技能单元		技能点
10. 建筑电气工程安装	核心技能单元	（1）电气施工常用工具、测量仪表的使用	1）常用电工工具的使用； 2）常用钳工工具的使用； 3）其他工具的使用； 4）测量仪表的使用
		（2）室内配线安装	1）绝缘导线连接； 2）线管配线安装； 3）线路绝缘电阻测试
		（3）电气照明装置安装	1）插座安装； 2）开关安装； 3）照明灯具安装； 4）照明配电箱安装
		（4）硬母线安装	1）硬母线的切割； 2）硬母线的弯曲； 3）硬母线的连接
		（5）接地装置安装	1）垂直接地体加工； 2）接地装置接地电阻测量
	选修技能单元	电动机安装	1）电动机三相绕组始、终端测试； 2）电动机绝缘电阻测量
11. 建筑电气工程施工组织设计	核心技能单元	单位工程施工组织设计	1）建筑电气工程施工方案的编制； 2）建筑电气工程施工进度计划的编制； 3）建筑电气工程施工准备工作计划及各项资源需用量计划的编制
	选修技能单元	复杂工程施工方案设计	1）复杂工程施工方案编制； 2）复杂工程施工进度计划编制； 3）复杂工程施工准备工作计划及各项资源需用量计划编制
12. 建筑电气工程造价	核心技能单元	（1）电气工程计价定额的应用	1）人工定额的计算； 2）材料消耗定额的计算； 3）机械台班使用定额的计算
		（2）施工图预算的工程量计算	1）分项工程项目划分； 2）工程量计算规则应用； 3）工程量的测量与统计
		（3）工程量清单综合单价分析表的编制	1）人工费、材料费、施工机具使用费的计算； 2）管理费的计算； 3）利润的计算； 4）风险因素的处理
		（4）分部分项工程量清单与计价表的编制	1）项目编码的确定； 2）项目特征的描述； 3）暂估价的确定

技能领域	技能单元		技能点
12. 建筑电气工程造价	核心技能单元	（5）措施项目清单与计价表的编制	1）安全文明施工费的计算； 2）夜间施工费、二次搬运费、冬雨期施工费的计取； 3）大型机械设备进出场及安拆费的计取； 4）施工排水、施工降水等措施项目费用的计取
		（6）其他措施项目清单与计价汇总表的编制	1）暂列金额的计取； 2）暂估价的计取； 3）计日工的计取； 4）总承包服务费的计取
		（7）规费和税金项目清单的编制	1）规费项目清单的编制； 2）税金项目清单的编制
	选修技能单元	（1）电气工程招标、投标程序、内容与策略的制定	1）电气工程招标程序的制定； 2）电气工程投标策略的制定
		（2）广联达计价软件的应用	1）招标工程量清单计价编制； 2）投标工程量清单计价编制

2. 核心知识单元、技能单元教学要求

（1）核心知识单元教学要求见表 4～表 52。

电工基本知识单元教学要求   表 4

单元名称	电工基本知识	最低学时	36 学时	
教学目标	1. 熟悉电路的组成、电路的基本物理量和电路的基本状态； 2. 掌握电路的基本定律及其应用； 3. 能用相量分析法对交流电路的物理量进行分析求解； 4. 掌握三相交流电路的分析求解方法			
教学内容		知识点	主要学习内容	
		1. 电路基本定律	电路的组成；电路的基本物理量；电路的基本状态；欧姆定律；基尔霍夫定律等	
		2. 直流电路的分析方法	用等效变换法；支路电流法；叠加定理等分析求解直流电路	
		3. 正弦交流电路相量分析方法	用相量分析法分析求解单一元件电路；RLC 串联电路；RLC 并联电路；三相交流电路的接线方式；三相电压、电流、功率的分析求解	
教学方法建议	多媒体教学法、实验验证法			
考核评价要求	1. 考评依据：课堂提问、作业成绩、测试成绩、实验效果； 2. 考评标准：知识的掌握程度			

电子基本知识单元教学要求　　　　　　表5

单元名称	电子基本知识	最低学时	40 学时
教学目标			

单元名称	电子基本知识	最低学时	40 学时
教学目标	1. 熟悉二极管、三极管的作用、工作原理、常见分类、主要参数； 2. 熟悉基本放大电路的组成及各个部分的作用，会分析基本放大电路； 3. 会分析负反馈的类型，了解其对放大电路产生的影响； 4. 熟悉直流稳压电源的组成及分析方法； 5. 掌握集成运算放大器的分析方法		
教学内容	知识点	主要学习内容	
	1. 二极管与三极管	PN结及其单向导电性；二极管和三极管的结构、符号、功能、类型和主要参数等	
	2. 放大电路	基本放大电路几个组成部分的作用；放大线路的工作分析；静态工作点和放大倍数的分析求解；多级放大器的分析求解；不同类型负反馈对放大电路的影响分析等	
	3. 功率放大器	功放的特点和分类；OCL 和 OTL 功放的分析；集成功放介绍	
	4. 直流稳压电源	直流稳压电源的组成；整流电路分析；滤波电路分析；稳压电路分析；三端集成稳压电路分析	
	5. 集成运算放大器	差模输入和共模输入的概念；集成运算放大器器件与符号；集成运算放大器的主要参数；典型集成运放功能的分析	
教学方法建议	多媒体教学法、实验验证法		
考核评价要求	1. 考评依据：课堂提问、作业成绩、测试成绩、实验效果； 2. 考评标准：知识的掌握程度		

变压器与电动机知识单元教学要求　　　　　　表6

单元名称	变压器与电动机	最低学时	14 学时
教学目标	1. 了解磁路及其定律； 2. 掌握变压器的结构及其作用，熟悉常见变压器的类型及其应用； 3. 熟悉三相异步电动机的结构、工作原理、主要参数； 4. 掌握三相异步电动机的运行特性、启动、调速与制动方法		
教学内容	知识点	主要学习内容	
	1. 变压器	磁路基本物理量与磁性材料；磁路定律；交流铁心线圈；变压器结构与工作原理；变压器分类与应用；变压器的同名端	
	2. 电动机	三相异步电动机的结构与工作原理；铭牌与技术数据；运行特性；启动方法、调速方法、制动方法；单相异步电动机的工作原理和启动方法	
教学方法建议	多媒体教学法、实验验证法		
考核评价要求	1. 考评依据：课堂提问、作业成绩、测试成绩、实验效果； 2. 考评标准：知识的掌握程度		

单元名称	绘图基础知识	最低学时	12 学时
教学目标	1. 熟悉 CAD 软件的主要功能； 2. 掌握 CAD 软件主要操作界面； 3. 掌握绝对坐标法、相对坐标法、极坐标法； 4. 掌握图形单位与图形界限设置方法； 5. 掌握图层设置方法		

教学内容	知识点	主要学习内容
	1. 坐标输入法	绝对坐标法，相对坐标法，极坐标法使用方法；对象捕捉设置
	2. 绘图环境	图形单位设置；图形界限设置；图层设置

教学方法建议	多媒体教学法、案例教学法

考核评价要求	1. 考评依据：课堂提问、作业成绩、测试成绩、绘图效果； 2. 考评标准：知识的掌握程度

绘图命令与编辑命令知识单元教学要求　　　　　　　表 8

单元名称	绘图命令与编辑命令	最低学时	26 学时
教学目标	1. 掌握基本二维绘图命令的操作方法与绘图技巧； 2. 掌握高级二维绘图命令的操作方法与绘图技巧； 3. 掌握二维图形编辑命令的使用方法与操作技巧		

教学内容	知识点	主要学习内容
	1. 常用绘图命令	直线；点；圆和圆弧；矩形；多边形；射线和构造线；多线；多段线；样条曲线；面域；图案填充
	2. 常用编辑命令	删除命令；复制命令；镜像命令；偏移命令；阵列命令；移动命令；旋转命令；比例缩放命令；拉伸命令；拉长命令；修剪命令；延伸命令；断开命令；倒角命令，倒圆角命令

教学方法建议	多媒体教学法、案例教学法

考核评价要求	1. 考评依据：课堂提问、作业成绩、测试成绩、绘图效果； 2. 考评标准：知识的掌握程度

标注方法知识单元教学要求

表 9

单元名称	标注方法		最低学时	4 学时
教学目标	1. 掌握单行文本与多行文本标注方法； 2. 掌握文字的编辑方法； 3. 掌握图形尺寸标注方法； 4. 掌握图形尺寸的编辑方法			
教学内容	知识点	主要学习内容		
	1. 文字标注方法	单行文本标注方法；多行文本标注方法；文字样式创建；文字编辑方法		
	2. 尺寸标注方法	尺寸标注基本规则；尺寸标注样式创建与修改；尺寸标注使用方法；尺寸标注编辑		
教学方法建议	多媒体教学法、案例教学法			
考核评价要求	1. 考评依据：课堂提问、作业成绩、测试成绩、绘图效果； 2. 考评标准：知识的掌握程度			

图块知识单元教学要求

表 10

单元名称	图块		最低学时	4 学时
教学目标	1. 了解块的定义； 2. 掌握创建图块的方法； 3. 掌握插入图块的方法； 4. 熟悉块属性的设置与编辑方法			
教学内容	知识点	主要学习内容		
	1. 图块基本概念	块定义；内部块；外部块；外部参照		
	2. 图块属性	图块属性的概念；块属性管理器		
教学方法建议	多媒体教学法、案例教学法			
考核评价要求	1. 考评依据：课堂提问、作业成绩、绘图效果； 2. 考评标准：知识的掌握程度			

图形输出知识单元教学要求

表 11

单元名称	图形输出		最低学时	4 学时
教学目标	1. 掌握利用模型空间打印图纸的方法； 2. 掌握利用图纸空间打印图纸的方法			
教学内容	知识点	主要学习内容		
	1. 模型空间打印	打印设备；打印设置；预览；打印比例		
	2. 布局空间打印	新建布局；视图；视口；打印比例		
教学方法建议	多媒体教学法、任务式教学法			
考核评价要求	1. 考评依据：课堂提问、作业成绩、打印效果； 2. 考评标准：知识的掌握程度			

单元名称	有线电话系统	最低学时	6 学时
教学目标	1. 熟悉电话系统的主要设备； 2. 掌握电话系统的组成与线路损耗计算； 3. 能够正确的选择线缆与敷设电话线路； 4. 掌握有线电话系统的施工方法		

教学内容	知识点	主要学习内容
	1. 电话系统的组成	系统的主要设备；电话机的种类；交换机的选择与使用；配线设备的选择与使用
	2. 电话传输线路	用户线和中继线使用；传输损耗的分配与计算；用户线路的组成与线路材料的选择

教学方法建议	多媒体教学法

考核评价要求	1. 考评依据：课堂提问、作业成绩、测试成绩； 2. 考评标准：知识的掌握程度

单元名称	卫星接收与有线电视系统	最低学时	4 学时
教学目标	1. 熟悉有线电视系统的主要设备与器材； 2. 掌握电视系统的组成； 3. 能够正确选择与使用传输部分材料； 4. 掌握视频信号的传播形式		

教学内容	知识点	主要学习内容
	1. 有线电视系统组成	常用的设备与器材；电视系统前端的构成；传输部分材料的选择与使用；终端的主要设备与构成
	2. 电视信号的传播知识	无线电波的基本知识；视频信号与射频信号的分析；信号的传播方式

教学方法建议	多媒体教学法

考核评价要求	1. 考评依据：课堂提问、作业成绩、测试成绩； 2. 考评标准：知识的掌握程度

单元名称	闭路电视监控系统	最低学时	12 学时
教学目标	1. 掌握闭路监控系统的组成与工作原理； 2. 掌握监控系统主要设备的使用； 3. 能够正确地选择出该系统的控制类型与控制方式		

教学内容	知识点	主要学习内容
	1. 闭路监控系统组成与原理	闭路监控系统的组成形式；系统每一部分的应用；监控系统的工作原理
	2. 闭路电视监控系统主要设备与控制形式	摄像机的选择与使用；防护罩及支撑设备的选择；监视器的使用等；监控系统的控制类型与控制方式

教学方法建议	多媒体教学法
考核评价要求	1. 考评依据：课堂提问、作业成绩、测试成绩； 2. 考评标准：知识的掌握程度

单元名称	广播音响系统	最低学时	6 学时
教学目标	1. 掌握广播音响系统的主要形式； 2. 掌握广播音响系统的主要设备功能与使用； 3. 能够正确选用常用设备		

教学内容	知识点	主要学习内容
	1. 广播音响系统组成	节目源设备的种类；放大和信号处理设备选用；传输线路的选择；扬声器系统的匹配
	2. 常用设备及其功能	传声器与话筒的作用与种类；调谐器的组成调音台的分类及功能放大器的种类与功能等

教学方法建议	多媒体教学法
考核评价要求	1. 考评依据：课堂提问、作业成绩、测试成绩； 2. 考评标准：知识的掌握程度

安全防范系统基本知识单元教学要求

表 16

单元名称	安全防范系统		最低学时	10 学时
教学目标	1. 掌握防盗报警系统的种类与应用； 2. 掌握可视对讲系统的组成形式及其主要设备的使用； 3. 掌握停车管理系统的主要设备及其工作过程			
教学内容		知识点	主要学习内容	
		1. 防盗报警系统构成、工作过程	报警探测器的种类与应用；信号传输的形式；防盗报警的工作原理等	
		2. 可视对讲系统系统组成	组成系统的形式；有哪些线制；室内机的种类与使用；电锁门的组成	
		3. 停车场系统系统的组成、工作过程	停车场管理系统的主要设备；车辆出入检测系统；出入信号灯控制系统；车位显示系统	
教学方法建议	多媒体教学法			
考核评价要求	1. 考评依据：课堂提问、作业成绩、测试成绩； 2. 考评标准：知识的掌握程度			

变频器概论知识单元教学要求

表 17

单元名称	变频器概论		最低学时	4 学时
教学目标	1. 了解调速技术的发展； 2. 掌握变频器的分类； 3. 掌握变频器的结构及相应特点			
教学内容		知识点	主要学习内容	
		1. 变频技术一般概念	交直流调速技术的发展；变频调速技术的出现与应用等	
		2. 变频器结构、分类	变频器的分类；不同变频器的结构组成及特点	
		3. 变频技术发展方向	变频技术当前的应用、未来前景及技术发展方向	
教学方法建议	多媒体教学法、实验验证法			
考核评价要求	1. 考评依据：课堂提问、作业成绩、测试成绩、实验效果； 2. 考评标准：知识的掌握程度			

单元名称	变频器基本知识	最低学时	6 学时
教学目标	1. 熟悉二极管、三极管、晶闸管的作用、工作原理、主要参数； 2. 熟悉整流、逆变、滤波电路及其工作原理； 3. 掌握频率、转速相关计算公式； 4. 了解不同负载下的特性		

教学内容	知识点	主要学习内容
	1. 变频技术基础	二极管、三极管和晶闸管的结构、符号、功能、类型和主要参数等；整流、逆变原理等
	2. 变频器工作原理	变频调速原理及计算公式；变频器主电路分析；整流和滤波电路分析；逆变电路分析
	3. 变频控制电机机械特性分析	恒转矩负载、恒功率负载、二次平方负载下特性分析

教学方法建议	多媒体教学法、实验验证法
考核评价要求	1. 考评依据：课堂提问、作业成绩、测试成绩、实验效果； 2. 考评标准：知识的掌握程度

单元名称	变频器的特点及工作原理	最低学时	4 学时
教学目标	1. 掌握电压型交-直-交变频器的分类与特点； 2. 掌握脉宽型变频器的工作原理； 3. 掌握电力晶体管通用型 PWM 变频器的主电路		

教学内容	知识点	主要学习内容
	1. 电压型交-直-交变频器特点	交-直-交变频器的分类及主回路图分析
	2. 电力晶体管通用型 PWM 变频器工作原理	脉幅调制整流变压、逆变变频分析；脉宽调制分析等

教学方法建议	多媒体教学法、实验验证法
考核评价要求	1. 考评依据：课堂提问、作业成绩、测试成绩、实验效果； 2. 考评标准：知识的掌握程度

单元名称	三菱 FX 系列 PLC 的认知与工作原理	最低学时	12 学时
教学目标	1. 掌握 PLC 的概念、发展，PLC 的主要特点及应用领域； 2. 掌握 PLC 的系统结构组成与 PLC 各部分的作用及常用类型； 3. 掌握 PLC 的循环扫描原理及工作过程		
教学内容	知识点	主要学习内容	
	1. PLC 的产生	PLC 的概念；PLC 的发展；PLC 的主要特点及应用领域	
	2. PLC 组成与作用	PLC 的系统结构组成；PLC 各部分的作用及常用类型	
	3. PLC 工作原理	PLC 的循环扫描原理；PLC 的工作过程	
教学方法建议	多媒体教学法		
考核评价要求	1. 考评依据：课堂提问、作业成绩、测试成绩； 2. 考评标准：知识的掌握程度		

单元名称	三菱 FX 系列 PLC 的基本指令与编程方法	最低学时	14 学时
教学目标	1. 掌握 PLC 基本 26 条指令与 2 条步进指令的编程方法； 2. 掌握 PLC 的梯形图编程方法； 3. 掌握 PLC 的应用指令表的应用； 4. 掌握 PLC 顺序功能图的应用		
教学内容	知识点	主要学习内容	
	1. PLC 基本指令使用方法	PLC 基本 26 条指令与 2 条步进指令的编程方法	
	2. PLC 的常见编程语言	梯形图编程方法；指令表的应用；顺序功能图的应用	
教学方法建议	多媒体教学法		
考核评价要求	1. 考评依据：课堂提问、作业成绩、测试成绩； 2. 考评标准：知识的掌握程度		

PLC 多种控制设计方法基本知识单元教学要求 表 22

单元名称	PLC 多种控制设计方法	最低学时	14 学时
教学目标	1. 掌握 PLC 的自锁控制与连锁控制的编程方法； 2. 掌握 PLC 的用定时器组成振荡电路的编程方法、长延时控制的编程方法、接通与断开延时电路编程方法； 3. 掌握 PLC 的连续式顺序控制，定时器式顺序控制，计数器顺序控制方法		
教学内容	知识点	主要学习内容	
	1. 自锁、连锁控制编程方法	自锁控制的编程方法；连锁控制的编程方法	
	2. 时间控制编程方法	用定时器组成振荡电路的编程方法；长延时控制的编程方法；接通与断开延时电路编程方法	
	3. 顺序控制编程方法	连续式顺序控制编程方法；定时器式顺序控制编程方法；计数器顺序控制方法	
教学方法建议	多媒体教学法		
考核评价要求	1. 考评依据：课堂提问、作业成绩、测试成绩； 2. 考评标准：知识的掌握程度		

PLC 的系统设计方法基本知识单元教学要求 表 23

单元名称	PLC 的系统设计方法	最低学时	14 学时
教学目标	1. 掌握 PLC 系统设计的基本原则； 2. 掌握 PLC 系统设计分析控制要求与过程； 3. 掌握 PLC 系统设计中确定控制方案确定输入输出信号； 4. 掌握 PLC 的选择 PLC 与编程与修改等		
教学内容	知识点	主要学习内容	
	1. PLC 系统设计基本内容	PLC 系统设计的基本原则	
	2. PLC 系统设计步骤	分析控制要求与过程；确定控制方案确定输入输出信号；选择 PLC；编程与修改等	
教学方法建议	多媒体教学法		
考核评价要求	1. 考评依据：课堂提问、作业成绩、测试成绩； 2. 考评标准：知识的掌握程度		

单元名称	电力系统	最低学时	6 学时
教学目标	1. 了解电力系统的组成及各个部分的作用； 2. 熟悉我国常用的电压等级； 3. 掌握供电质量的评价方法； 4. 熟悉我国高压、低压供电系统的电源中性点接地形式； 5. 熟悉一次接线图的概念及画法		

教学内容	知识点	主要学习内容	
	1. 电力系统组成	电力系统组成及作用；供电质量；电压等级	
	2. 中性点接地方式	中性点接地方式的概念；中性点接地方式的种类；10kV 及以下供配电系统中性点接地方式分析	
	3. 变配电系统一次接线	供配电方式；一次接线图的含义；民用建筑常用一次接线图	

教学方法建议	多媒体教学法、问题式教学法		
考核评价要求	1. 考评依据：课堂提问、作业成绩、测试成绩； 2. 考评标准：知识的掌握程度		

单元名称	计算负荷	最低学时	8 学时
教学目标	1. 熟悉负荷分级及建筑用电负荷的级别划分； 2. 掌握不同负荷对供配电系统的要求； 3. 熟悉负荷计算的各个参数及其关系； 4. 了解常用的负荷计算的方法及其适用场合； 5. 重点学习需要系数法进行负荷计算； 6. 明晰建筑供配电系统负荷计算的思路		

教学内容	知识点	主要学习内容	
	1. 负荷分级	电力负荷的分类；民用建筑常见的一级、二级负荷	
	2. 不同负荷对供电系统的要求	双电源供电；双回路供电；单电源单回路供电形式及应用；备用电源；母线分段；UPS；EPS	
	3. 负荷计算	计算负荷的概念；负荷计算的相关公式；需要系数法；单位指标法；二项式法；负荷计算的基本思路；负荷计算表	

教学方法建议	多媒体教学法、问题式教学法、分组学习法		
考核评价要求	1. 考评依据：课堂提问、作业成绩、测试成绩； 2. 考评标准：知识的掌握程度		

单元名称	变电所		最低学时	6 学时
教学目标	1. 熟悉 10kV 变电所的结构、主接线图； 2. 了解常用的高低压电气设备； 3. 了解电力变压器的结构、工作原理、铭牌技术数据； 4. 掌握变压器的选择方法			
教学内容	知识点		主要学习内容	
	1. 变电所组成及作用		变电所几个组成部分的作用；高压配电室和低压配电室的主接线	
	2. 电力变压器		电力变压器的结构及工作原理；电力变压器的型号；电力变压器的铭牌和技术数据；电力变压器的选择方法与计算	
	3. 高、低压电气设备		常见高低压电气设备的名称、符号、用途、选择、使用注意事项	
教学方法建议	现场教学法、案例法、多媒体教学法			
考核评价要求	1. 考评依据：课堂提问、作业成绩、现场参观报告； 2. 考评标准：知识的掌握程度			

配电线路知识单元教学要求   表 27

单元名称	配电线路		最低学时	4 学时
教学目标	1. 熟悉 10kV 变电所的结构、主接线图； 2. 了解常用的高低压电气设备； 3. 了解电力变压器的结构、工作原理、铭牌技术数据； 4. 掌握变压器的选择方法			
教学内容	知识点		主要学习内容	
	1. 导线类型		供配电系统中常用的导线类型及其应用；导线型号表达方法；低压供配电系统常用的线缆	
	2. 线缆选择原则与方法		导线选择的原则；导线选择的方法及其适用范围；导线的校验；导线载流量的常用口诀	
教学方法建议	问题式教学法、案例法、多媒体教学法			
考核评价要求	1. 考评依据：课堂提问、作业成绩、课堂练习效果； 2. 考评标准：知识的掌握程度			

无功补偿知识单元教学要求

表 28

单元名称	无功补偿	最低学时	2 学时
教学目标	1. 熟悉供配电系统功率因数的概念； 2. 了解提高功率因数的意义和方法； 3. 掌握无功补偿计算的方法； 4. 了解常用的无功补偿装置		
教学内容	知识点	主要学习内容	
	1. 功率因数	功率因数的概念；计算方法；规范及标准相关要求	
	2. 功率因数提高方法	功率因数提高的意义；功率因数提高的方法；功率因数补偿计算；常用的无功补偿装置	
教学方法建议	问题式教学法、案例法、多媒体教学法		
考核评价要求	1. 考评依据：课堂提问、作业成绩、课堂练习效果； 2. 考评标准：知识的掌握程度		

建筑防雷与接地知识单元教学要求

表 29

单元名称	建筑防雷与接地	最低学时	4 学时
教学目标	1. 熟悉建筑防雷的分级与措施； 2. 掌握建筑防雷的相关计算方法； 3. 熟悉建筑等电位联结的要求和措施； 4. 熟悉常用的防雷设备		
教学内容	知识点	主要学习内容	
	1. 雷电的形成与危害	雷电的形成与危害；雷电对建筑电气线路的危害	
	2. 防雷措施	建筑物防雷的分级；建筑物防雷保护措施；常用防雷设备	
	3. 防雷计算	雷击次数的计算；建筑物防雷等级的确定方法；避雷针保护范围的计算方法	
	4. 等电位联结	接地电阻；接地形式；接地装置；局部等电位联结、总等电位联结	
教学方法建议	问题式教学法、案例法、多媒体教学法		
考核评价要求	1. 考评依据：课堂提问、作业成绩、课堂练习效果； 2. 考评标准：知识的掌握程度		

单元名称	照明基本知识		最低学时	4 学时
教学目标	1. 熟悉照明工程的基本概念； 2. 掌握照明质量的评价方法； 3. 熟悉民用建筑常用的照明方式与种类； 4. 了解照明标准的使用方法			
教学内容	知识点		主要学习内容	
	1. 照明工程术语		照明技术；绿色照明；光通量；照度；炫光；频闪；明视觉与暗视觉、材料的光学性质等	
	2. 照明方式和种类		照明方式分类；民用建筑常用的照明方式；照明种类及其相关要求	
	3. 照明质量的评价		照明质量的评价指标与评价方法；照明标准	
教学方法建议	问题式教学法、案例法、多媒体教学法			
考核评价要求	1. 考评依据：课堂提问、作业成绩、课堂练习效果； 2. 考评标准：知识的掌握程度			

电光源与灯具知识单元教学要求 表 31

单元名称	电光源与灯具		最低学时	4 学时
教学目标	1. 了解电光源的分类与工作原理； 2. 掌握电光源的性能指标； 3. 熟悉常见电光源的性能比较与应用； 4. 了解照明灯具的性能与选用方法			
教学内容	知识点		主要学习内容	
	1. 常用电光源		电光源的分类与工作原理；电光源的光学性能指标和电学性能指标；常用电光源的性能比较；电光源的选用	
	2. 照明灯具及其特性		照明灯具的种类；灯具的光学性能指标；灯具的选用方法	
教学方法建议	问题式教学法、案例法、多媒体教学法			
考核评价要求	1. 考评依据：课堂提问、作业成绩、课堂练习效果； 2. 考评标准：知识的掌握程度			

建筑电气照明设计知识单元教学要求

表 32

单元名称	建筑电气照明设计		最低学时	8 学时
教学目标	1. 了解照明设计的程序和设计内容； 2. 掌握室内灯具布置的方法； 3. 掌握利用系数法进行室内照度计算的步骤与方法； 4. 熟悉照明节能措施			
教学内容	知识点	主要学习内容		
	1. 建筑电气照明设计程序	照明设计的程序与范围；照明设计中的计算内容；照明设计的要求		
	2. 室内灯具布置方式	灯具布置的形式分类；距高比的概念；等间距的确定方法；灯具布置表达方法		
	3. 室内照度计算方法	室内照度计算的方法；利用系数法确定室内照度的步骤与相关的计算公式；灯具的参数表的使用方法		
	4. 照明控制与节能	常用照明控制策略与方法；照明节能的常用措施		
教学方法建议	问题式教学法、案例法、多媒体教学法			
考核评价要求	1. 考评依据：课堂提问、作业成绩、课堂练习效果； 2. 考评标准：知识的掌握程度			

低压电器知识单元教学要求

表 33

单元名称	低压电器		最低学时	4 学时
教学目标	1. 了解低压电器的概念； 2. 熟悉低压电器的分类； 3. 熟悉常用低压电器的名称、符号及用途			
教学内容	知识点	主要学习内容		
	1. 低压电器的名称与符号	低压电器的定义；低压电器的分类；常用低压电器（开关电器、熔断器、主令电器、交流接触器、继电器等）的名称、符号		
	2. 低压电器的功能	常用低压电器的结构、功能、使用注意事项等		
教学方法建议	问题式教学法、现场教学法、多媒体教学法			
考核评价要求	1. 考评依据：课堂提问、作业成绩、课堂练习效果； 2. 考评标准：知识的掌握程度			

单元名称	典型控制电路	最低学时	8 学时
教学目标	1. 了解三相异步电动机几种典型的控制电路； 2. 掌握控制电路的分析方法； 3. 学会控制电路的设计思路与技巧		

教学内容	知识点	主要学习内容
	1. 直接启动控制电路	直接启动的概念；控制电路的组成；工作过程分析；控制电路设计思路
	2. 制动控制电路	制动方法与比较；控制电路的组成；工作过程分析；控制电路设计思路
	3. 正反转控制电路	正反转控制及其应用；控制电路的组成；工作过程分析；控制电路设计思路及注意事项
	4. 调速控制电路	调速的方法与比较；控制电路的组成；工作过程分析；控制电路设计思路及注意事项
	5. 顺序控制电路	顺序控制的概念与应用；调速的方法与比较；控制电路的组成；工作过程分析；控制电路设计思路及技巧

教学方法建议	问题式教学法、引导教学法、多媒体教学法
考核评价要求	1. 考评依据：课堂提问、作业成绩、电路设计效果； 2. 考评标准：知识的掌握程度

单元名称	建筑消防系统基本知识	最低学时	6 学时
教学目标	1. 了解消防系统的组成及分类； 2. 明白火灾形成过程； 3. 掌握相关区域划分方法； 4. 熟悉消防工程常用名词及专业术语、相关规范、标准及相关手册等		

教学内容	知识点	主要学习内容
	1. 建筑消防系统组成	消防系统的形成、发展、组成及分类
	2. 火灾形成及原因分析	火灾形成条件、定义及分类、造成火灾的原因、抑制火灾的措施
	3. 高层建筑的特点及相关区域的划分	高层建筑的定义及特点、相关规范及相关区域的划分
	4. 消防系统设计、施工及维护技术依据	消防法规与设计规范、设计依据、施工与验收依据

教学方法建议	引导文法、演示法、参与型教学法、现场教学法、多媒体教学法
考核评价要求	1. 考评依据：课堂提问、作业成绩、课堂练习效果； 2. 考评标准：知识的掌握程度

火灾自动报警系统构造及原理知识单元教学要求 表 36

单元名称	火灾自动报警系统构造及原理	最低学时	8 学时
教学目标	1. 明白火灾报警系统的组成、分类及原理； 2. 掌握报警设备的使用、选择和布置方法； 3. 懂得火灾自动报警系统工作过程及相关设计知识		

教学内容	知识点	主要学习内容
	1. 火灾自动报警系统概述	火灾自动报警系统的形成、发展；火灾自动报警系统的组成
	2. 火灾探测器选择、布置、安装与接线方法	火灾探测器的分类、型号及符号、探测器的构造、原理、参数及用途、探测器的选择及数量确定方法、探测器的布置方法、探测器的线制
	3. 消防系统附件的选择与应用	手动报警按钮的、消火栓报警按钮的选用、现场模块、声光报警盒（亦称声光讯响器）、报警门灯及诱导灯、总线中继器、总线隔离器、总线驱动器的使用、区域显示器的应用、CRT 彩色显示系统的作用与选用要求
	4. 火灾报警控制器的选用	火灾报警控制器的分类、功能及型号；火灾报警控制器的构造及工作原理；火灾报警控制器的特点、技术参数及布线；区域与集中报警控制器的区别；火灾报警控制器的选择要求；火灾报警控制器的接线
	5. 火灾自动报警系统	现代与传统火灾自动报警系统的区别；智能消防系统的集成和联网；漏电火灾报警系统；火灾自动报警系统识图方法

教学方法建议	参与型教学法、角色扮演法、设计步步深入法、引导教学法、多媒体教学法

考核评价要求	1. 考评依据：课堂提问、作业成绩、电路设计效果； 2. 考评标准：知识的掌握程度

消防灭火系统构造及原理知识单元教学要求 表 37

单元名称	消防灭火系统构造及原理	最低学时	6 学时
教学目标	1. 了解消防灭火类型，知道不同系统的应用场所； 2. 掌握消火栓灭火系统和自动喷洒水灭火系统的组成及原理； 3. 熟悉气体灭火系统的作用及类型		

教学内容	知识点	主要学习内容
	1. 消防给水（灭火）系统概述	消防给水灭火系统分类及灭火方法；消防灭火系统附件的构造及作用
	2. 消火栓灭火系统构造及原理	室内消火栓系统组成、消火栓灭火系统灭火原理
	3. 自动喷水灭火系统组成及原理	自动喷洒水灭火系统的功能、分类、系统组成、系统电气控制原理；消防系统稳压泵控制原理
	4. 气体灭火系统组成及原理	气体灭火系统的类型、组成及原理

教学方法建议	项目教学法、演示法、参与型教学法、多媒体教学法

考核评价要求	1. 考评依据：课堂提问、作业成绩、电路设计效果； 2. 考评标准：知识的掌握程度

单元名称	消防联动系统组成及控制		最低学时	6 学时
教学目标	1. 了解火灾事故广播的容量、设置场所、广播方式等； 2. 掌握火灾事故照明与疏散诱导系统设置要求； 3. 懂得防排烟设备的设置与监控； 4. 熟悉消防电梯的设置和联动控制要求			
教学内容		知识点	主要学习内容	
		1. 消防广播与通信系统的联动控制	消防广播系统设备组成、广播方式、容量要求、布线方法；消防通信系统组成、通信方式及布线方法	
		2. 火灾事故照明与疏散诱导系统设置与联动控制	火灾事故照明的组成、设置要求及联动控制方式；疏散指示照明的组成设备、设置要求与联动控制	
		3. 防排烟设备的设置与联动控制	防排烟系统概述、系统构成；防排烟设施构造、原理及联动控制；防排烟设备的监控要求及方法	
		4. 消防电梯联动联动控制	消防电梯的联动控制要求、设置规定	
教学方法建议	多媒体教学法、任务驱动及工学交替教学法			
考核评价要求	1. 考评依据：课堂提问、作业成绩、电路设计效果； 2. 考评标准：知识的掌握程度			

消防系统调试、验收与维护知识单元教学要求　　　　　　表 39

单元名称	消防系统调试、验收与维护		最低学时	4 学时
教学目标	1. 了解验收前系统的调试内容及检测验收时所包含的项目； 2. 掌握消防系统进行维护保养			
教学内容		知识点	主要学习内容	
		1. 消防系统设备、仪器检测与维护方法	消防系统检测验收条件及交工技术保证资料、检测验收内容；消防系统的维护保养术语和相关规定；消防系统重点部位维护保养；施工与调试的配合及消防报警设备的选择技巧	
		2. 消防系统调试的程序与方法	消防系统开通与调试程序；消防系统各环节调试内容及方法	
教学方法建议	参与型教学法、角色扮演法、引导教学法、多媒体教学法			
考核评价要求	1. 考评依据：课堂提问、作业成绩、电路设计效果； 2. 考评标准：知识的掌握程度			

建筑电气工程施工认知知识单元教学要求　　　　　　表 40

单元名称	建筑电气工程施工认知		最低学时	2 学时
教学目标	1. 了解电气工程施工特点； 2. 熟悉施工前的各项准备工作； 3. 掌握电气施工与土建专业施工的配合方法及重要性			
教学内容		知识点	主要学习内容	
		1. 电气工程施工特点	与土建工程工程批量对比；施工操作方式；对操作人员的技术水平要求	
		2. 施工前的准备工作	阶段性的施工准备；作业条件的施工准备	
		3. 与土建工程的施工配合	与土建工程施工配合的方法；与土建工程施工配合的重要性	
教学方法建议	多媒体教学法、问题式教学法			
考核评价要求	1. 考评依据：课堂提问、作业成绩、测试成绩； 2. 考评标准：知识的掌握程度			

电气施工常用材料、工具及测量仪表知识单元教学要求　　　　**表 41**

单元名称	电气施工常用材料、工具及测量仪表		最低学时	4 学时
教学目标	1. 熟悉电气施工常用的材料； 2. 熟悉电气施工常用的工具、仪表； 3. 熟悉绝缘导线型号的表示方法； 4. 掌握绝缘导线的连接方法			
教学内容	知识点		主要学习内容	
	1. 常用材料		绝缘材料；管材；紧固材料；绝缘导线及型号	
	2. 绝缘导线的连接方法		单股铜导线的连接；多股铜导线的连接；单股铝导线的连接；铜、铝导线的连接	
	3. 常用工具、测量仪表		电工工具、钳工工具、其他工具、常用测量仪表	
教学方法建议	多媒体教学法、问题式教学法、分组学习法			
考核评价要求	1. 考评依据：课堂提问、作业成绩、测试成绩； 2. 考评标准：知识的掌握程度			

室内配线工程知识单元教学要求　　　　**表 42**

单元名称	室内配线工程		最低学时	8 学时
教学目标	1. 掌握室内配线施工的技术要求； 2. 掌握线管的加工、连接、敷设及管内穿线方法； 3. 掌握钢索吊管配线的施工方法			
教学内容	知识点		主要学习内容	
	1. 基本原则及一般要求		室内配线施工的基本原则；室内配线施工的一般要求	
	2. 线管配线		线管选择、线管加工、线管弯曲、线管连接、线管敷设、管内穿线方法	
	3. 钢索配线		钢索组成、钢索安装方法、钢索吊管配线	
教学方法建议	现场教学法、案例法、多媒体教学法			
考核评价要求	1. 考评依据：课堂提问、作业成绩、现场参观报告； 2. 考评标准：知识的掌握程度			

电缆线路知识单元教学要求　　　　**表 43**

单元名称	电缆线路		最低学时	6 学时
教学目标	1. 熟悉电缆的敷设方式及型号、名称； 2. 掌握直埋电缆敷设的方法； 3. 掌握电缆沟敷设电缆的方法； 4. 掌握电缆中间接头及终端头的制作方法			
教学内容	知识点		主要学习内容	
	1. 电缆的型号、名称		常用电缆种类；电缆的型号、名称	
	2. 电缆敷设方法		敷设方式；直埋电缆敷设方法；电缆沟敷设方法	
	3. 电缆头制作方法		制作要求；中间接头制作方法；终端头制作方法	

单元名称	电缆线路	最低学时	6 学时
教学方法建议	问题式教学法、案例法、多媒体教学法		
考核评价要求	1. 考评依据：课堂提问、作业成绩、课堂练习效果； 2. 考评标准：知识的掌握程度		

变配电设备工程知识单元教学要求 表 44

单元名称	变配电设备工程		最低学时	8 学时
教学目标	1. 熟悉变压器安装前的检查内容、安装方法； 2. 掌握成套配电柜的安装方法； 3. 掌握硬母线的加工、连接及安装方法； 4. 掌握硬母线的涂色要求； 5. 掌握高、低压母线过墙的施工方法			
教学内容	知识点		主要学习内容	
	1. 变压器		变压器安装前的检查；安装方法	
	2. 成套配电柜		成套配电柜分类；安装前的检查；安装方法	
	3. 硬母线		硬母线型号；加工方法；安装方法；排列和涂色要求	
	4. 绝缘子与穿墙套管		绝缘子种类及型号；低压母线过墙施工方法	
教学方法建议	问题式教学法、案例法、多媒体教学法			
考核评价要求	1. 考评依据：课堂提问、作业成绩、课堂练习效果； 2. 考评标准：知识的掌握程度			

照明装置知识单元教学要求 表 45

单元名称	照明装置		最低学时	4 学时
教学目标	1. 熟悉各种照明灯具、开关、插座、配电箱及安装方法； 2. 掌握开关、插座、配电箱的安装高度、安装偏差等要求			
教学内容	知识点		主要学习内容	
	1. 常用灯具		常用灯具种类；灯具安装方法	
	2. 开关、插座、照明配电箱		开关、插座、照明配电箱安装方法；安装要求	
教学方法建议	问题式教学法、案例法、多媒体教学法			
考核评价要求	1. 考评依据：课堂提问、作业成绩、课堂练习效果； 2. 考评标准：知识的掌握程度			

防雷与接地装置知识单元教学要求 表 46

单元名称	防雷与接地装置	最低学时	6 学时
教学目标	1. 熟悉防雷装置的组成； 2. 掌握接闪器、引下线的安装方法； 3. 掌握接地体、接地线的安装方法； 4. 掌握接地电阻的测量方法； 5. 熟悉等电位联结		

单元名称	防雷与接地装置		最低学时	6 学时
教学内容	知识点	主要学习内容		
	1. 防雷装置	防雷装置的组成；避雷针、避雷带、引下线安装方法		
	2. 接地装置	接地装置组成；垂直接地体安装方法；接地线安装方法；接地电阻的测量方法		
	3. 等电位联结	总等电位联结；辅助等电位联结；局部等电位联结		
教学方法建议	问题式教学法、案例法、多媒体教学法			
考核评价要求	1. 考评依据：课堂提问、作业成绩、课堂练习效果； 2. 考评标准：知识的掌握程度			

建设工程招投标及合同管理知识单元教学要求　　　　　　　　　表 47

单元名称	建设工程招投标及合同管理		最低学时	8 学时
教学目标	1. 掌握工程招标的意义与原则； 2. 熟悉工程招投标的几种方式； 3. 掌握招标应当具备的条件； 4. 熟悉工程招投标的程序及各个步骤中的注意要点； 5. 掌握建设工程合同的类型和内容； 6. 掌握合同管理的工作内容			
教学内容	知识点	主要学习内容		
	建设工程招标方式及条件	工程招标的意义与原则；工程招标的方式；工程招标的条件		
	建设工程招投标程序	标底和招标控制价的含义；资格审查的意义；招标文件的内容；投标文件的编制；开标评标定标的注意事项		
	建设工程合同的管理	建设工程合同的类型；施工合同示范文本及主要内容；合同的履行、变更和解除；合同的纠纷处理		
教学方法建议	多媒体教学法、工程案例法			
考核评价要求	1. 考评依据：课堂提问、作业成绩、测试成绩； 2. 考评标准：知识的掌握程度			

施工企业管理知识单元教学要求　　　　　　　　　表 48

单元名称	施工企业管理		最低学时	12 学时
教学目标	1. 熟悉施工准备工作的意义与分类；施工准备工作的内容； 2. 熟悉计划管理的内容和分类；施工作业计划的编制；施工任务书的编制； 3. 掌握技术标准和技术规程体系；技术管理的组织措施； 4. 掌握质量控制体系；PDCA 循环；质量检验；交工验收； 5. 了解项目管理的内容和方法；建设监理制度			

单元名称	施工企业管理		最低学时	12 学时
教学内容	知识点	主要学习内容		
	施工管理	施工准备工作的意义与分类；施工准备工作的内容		
	施工计划管理	计划管理的内容和分类；施工作业计划的编制；施工任务书的编制		
	施工技术管理	技术标准和技术规程体系；技术管理的组织措施		
	质量管理	质量控制体系；PDCA 循环；质量检验；交工验收		
	安全管理	安全管理原则与措施；伤亡事故的调查与处理制度		
	项目管理	项目管理的内容和方法；建设监理制度		
教学方法建议	多媒体教学法、工程案例法			
考核评价要求	1. 考评依据：课堂提问、作业成绩、测试成绩； 2. 考评标准：知识的掌握程度			

施工进度管理知识单元教学要求　　　　　　　　　　　　　　　　表 49

单元名称	施工进度管理		最低学时	16 学时
教学目标	1. 掌握流水施工的基本参数的设定； 2. 熟悉固定节拍流水施工组织；成倍节拍流水施工组织；分别流水施工组织； 3. 掌握网络计划的表示方法； 4. 熟悉网络图的绘制原则与方法； 5. 熟悉双代号网络计划时间参数的计算			
教学内容	知识点	主要学习内容		
	流水施工组织的编制方法	流水施工的基本参数；固定节拍流水施工组织；成倍节拍流水施工组织；分别流水施工组织		
	网络计划技术的编织方法	网络计划的表示方法；网络图的绘制原则与方法；双代号网络计划时间参数的计算		
教学方法建议	多媒体教学法、实验验证法			
考核评价要求	1. 考评依据：课堂提问、作业成绩、测试成绩 2. 考评标准：知识的掌握程度			

建筑安装工程费用项目组成知识单元教学要求　　　　　　　　　　表 50

单元名称	建筑安装工程费用项目组成		最低学时	6 学时
教学目标	1. 熟悉按基本建设项目所组成部分的不同内容划分的五级项目体系； 2. 掌握按费用构成要素划分的建筑安装工程费用项目组成； 3. 掌握按造价形成划分的建筑安装工程费用项目组成； 4. 掌握建筑安装工程计价程序			

单元名称	建筑安装工程费用项目组成		最低学时	6 学时
教学内容	知识点		主要学习内容	
	1. 基本建设项目		建设项目；单项工程；单位工程；分部工程；分项工程	
	2. 建筑安装工程费用项目组成		人工费；材料费；施工机具使用费；企业管理费；利润；分部分项工程费；措施项目费；其他项目费；规费；税金	
	3. 建筑安装工程计价程序		单位工程招标控制价计价程序；竣工结算计价程序	
教学方法建议	多媒体教学法、小组讨论法			
考核评价要求	1. 考评依据：课堂提问、作业成绩、测试成绩； 2. 考评标准：知识的掌握程度			

电气工程计价定额知识单元教学要求　　　　　　　　表 51

单元名称	电气工程计价定额		最低学时	18 学时
教学目标	1. 熟悉人工定额的编制内容、表现形式及制定方法； 2. 熟悉材料消耗定额的编制内容、表现形式及制定方法； 3. 熟悉机械台班使用定额的编制内容、表现形式及制定方法			
教学内容	知识点		主要学习内容	
	1. 人工定额编制方法		工人工作时间消耗的分类；拟定正常的施工作业条件；拟定施工作业的定额时间；时间定额的计算方法；产量定额的计算方法；人工定额的制定方法	
	2. 材料消耗定额编制方法		材料净用量的确定；材料损耗量的确定；材料消耗定额的编制	
	3. 机械台班使用定额编制方法		机具工作时间消耗的分类；机具台班使用定额的编制内容	
教学方法建议	多媒体教学法、小组讨论法			
考核评价要求	1. 考评依据：课堂提问、作业成绩、测试成绩、实验效果； 2. 考评标准：知识的掌握程度			

电气工程施工图预算知识单元教学要求　　　　　　　　表 52

单元名称	电气工程施工图预算		最低学时	14 学时
教学目标	1. 了解电气工程施工图预算编制的模式； 2. 熟悉电气工程施工图预算的作用及编制依据； 3. 掌握电气工程施工图预算的编制方法； 4. 掌握电气工程工程量清单计价的基本理论			
教学内容	知识点		主要学习内容	
	1. 电气工程施工图预算的编制方法		工程量清单计价模式；电气工程施工图预算对建设单位的作用；电气工程施工图预算对施工单位的作用；电气工程施工图预算的编制依据；电气工程施工图预算的编制方法	
	2. 电气工程工程量清单计价理论		电气工程工程量清单计价规范；工程量清单计价表格的组成；工程清单计价表格的使用规定	
教学方法建议	多媒体教学法、小组讨论法			
考核评价要求	1. 考评依据：课堂提问、作业成绩、测试成绩； 2. 考评标准：知识的掌握程度			

（2）核心技能单元教学要求见表 53～表 93。

电压、电流测量技能单元教学要求　　　　表 53

单元名称	电压、电流测量		最低学时	4 学时
教学目标	专业能力： 1. 能熟练应用常用测量仪表； 2. 会设计测量电路； 3. 正确编写实验报告； 4. 能够按照要求进行电路的电压和电流测量； 5. 根据测量数据进行分析。 方法能力： 1. 具有独立学习、继续学习的能力； 2. 具有分析问题、解决问题的能力； 3. 具有技术资料的搜集与整理能力； 4. 具有完成任务的过程设计能力。 社会能力： 1. 具备一定的组织协调能力； 2. 具有较强交流沟通的能力和良好的语言表达能力； 3. 具有严谨的工作态度和团队协作、吃苦耐劳的精神，爱岗敬业、遵纪守法，自觉遵守职业道德和行业规范			
教学内容	技能点	主要训练内容		
	1. 仪器仪表的使用	直流稳压电源、万用表、数字电压表、数字电流表等使用方法		
	2. 测量线路连接	测量电路的设计；测量电路的连接		
	3. 电压和电流测量	测量报告的编写；按要求测量电路的电位、电压和电流；根据测量数据分析电位与电压的关系		
教学方法建议	任务驱动法			
教学场所要求	校内实训基地			
考核评价要求	课前准备 10%，过程考核 40%，结果考核 30%，实验报告 20%			

电工定律、定理验证技能单元教学要求　　　　表 54

单元名称	电工定律、定理验证	最低学时	6 学时
教学目标	专业能力： 1. 明确验证的目标； 2. 会进行验证电路的设计； 3. 编制实验报告； 4. 准确测量相关数据； 5. 形成验证结论并分析误差。 方法能力： 1. 具有独立学习、继续学习的能力； 2. 具有分析问题、解决问题的能力； 3. 具有技术资料的搜集与整理能力； 4. 具有完成任务的过程设计能力。 社会能力： 1. 具备一定的组织协调能力； 2. 具有较强的交流沟通能力和良好的语言表达能力； 3. 具有严谨的工作态度和团队协作、吃苦耐劳的精神，爱岗敬业、遵纪守法，自觉遵守职业道德和行业规范		

单元名称	电工定律、定理验证		最低学时	6 学时
教学内容	技能点	主要训练内容		
	1. 验证线路设计	设计基尔霍夫定律、叠加定理、戴维宁定理测量电路；编制测量报告		
	2. 电路连接	按照设计好的电路进行接线；学会实验台的使用		
	3. 参数测量	按照验证表的设计进行参数的测量与记录		
	4. 数据分析	对测量数据进行分析，验证相应的定律、定理，并分析误差		
教学方法建议	任务驱动法			
教学场所要求	校内实训基地			
考核评价要求	课前准备 10%，过程考核 40%，结果考核 30%，实验报告 20%			

日光灯电路安装与测量技能单元教学要求 表 55

单元名称	日光灯电路安装与测量		最低学时	2 学时
教学目标	专业能力： 1. 会进行日光灯电路元器件的选择； 2. 能进行日光灯电路的装接； 3. 会编制实验报告； 4. 准确测量相关数据； 5. 会根据数据分析功率因数的变化。 方法能力： 1. 具有独立学习、继续学习的能力； 2. 具有分析问题、解决问题的能力； 3. 具有技术资料的搜集与整理能力； 4. 具有完成任务的过程设计能力。 社会能力： 1. 具备一定的组织协调能力； 2. 具有较强的交流沟通能力和良好的语言表达能力； 3. 具有严谨的工作态度和团队协作、吃苦耐劳的精神，爱岗敬业、遵纪守法，自觉遵守职业道德和行业规范			
教学内容	技能点	主要训练内容		
	1. 实验电路的连接	根据老师给定的电路图，选择设备元件，并进行电路的接线		
	2. 数据测量与记录	按照实验报告的要求，测量并联电容前后的相应电路参数		
	3. 功率因数改善分析	根据上述测量结果分析功率因数的变化，总结出结论		
教学方法建议	任务驱动法			
教学场所要求	校内实训基地			
考核评价要求	课前准备 10%，过程考核 40%，结果考核 30%，实验报告 20%			

单元名称	三相电路接线与测量	最低学时	4 学时

教学目标	专业能力：
	1. 设计三相负载不同接法的电路接线图；
	2. 能按图进行线路连接；
	3. 会编制实验报告；
	4. 准确测量相关数据；
	5. 会根据数据分析三相电路不同连接时的参数变化。
	方法能力：
	1. 具有独立学习、继续学习的能力；
	2. 具有分析问题、解决问题的能力；
	3. 具有技术资料的搜集与整理能力；
	4. 具有完成任务的过程设计能力。
	社会能力：
	1. 具备一定的组织协调能力；
	2. 具有较强的交流沟通能力和良好的语言表达能力；
	3. 具有严谨的工作态度和团队协作、吃苦耐劳的精神，爱岗敬业、遵纪守法，自觉遵守职业道德和行业规范

教学内容	技能点	主要训练内容
	1. 测量线路设计	负载星形连接电路设计、负载三角形连接电路设计
	2. 三相电路连接	按图快速接线能力；保持实验线路整洁
	3. 参数测定	测定不同接法时电路电压、电流的线值和相值；测三相功率
	4. 数据分析	根据测量数据分析线值与相值的关系，分析三相功率的变化

教学方法建议	任务驱动法
教学场所要求	校内实训基地
考核评价要求	课前准备 10%，过程考核 40%，结果考核 30%，实验报告 20%

单元名称	晶体管的测试	最低学时	2 学时

教学目标	专业能力：
	1. 能使用万用表进行二极管、三极管的管脚识别；
	2. 能够用万用表粗略检测二极管、三极管的质量好坏。
	方法能力：
	1. 具有独立学习、继续学习的能力；
	2. 具有分析问题、解决问题的能力；
	3. 具有技术资料的搜集与整理能力；
	4. 具有完成任务的过程设计能力。
	社会能力：
	1. 具备一定的组织协调能力；
	2. 具有较强的交流沟通能力和良好的语言表达能力；
	3. 具有严谨的工作态度和团队协作、吃苦耐劳的精神，爱岗敬业、遵纪守法，自觉遵守职业道德和行业规范

单元名称	晶体管的测试		最低学时	2 学时
教学内容	技能点		主要训练内容	
	1. 二极管管脚识别		用万用表识别二极管的阳极和阴极	
	2. 二极管质量检测		用万用表测量二极管的正向导通电阻和反向阻断电阻并分析	
	3. 三极管管脚识别		用万用表识别三极管的发射极、基极和集电极	
	4. 三极管质量检测		用万用表粗略测量三极管的放大倍数和技术参数	
教学方法建议	任务驱动法			
教学场所要求	校内实训基地			
考核评价要求	课前准备 10%，过程考核 40%，结果考核 30%，实验报告 20%			

放大电路参数测量与分析技能单元教学要求　　　　　　　　表 58

单元名称	放大电路参数测量与分析		最低学时	8 学时
教学目标	专业能力： 1. 能按照给定的电路图进行线路连接； 2. 准确进行放大电路静态工作点的调整、设定与测量； 3. 会用示波器观察放大电路输入、输出波形幅值的变化； 4. 会用电子毫伏表测量输出电压和输入电压； 5. 会用观察和测量的方法分析负反馈对放大器性能的影响。 方法能力： 1. 具有独立学习、继续学习的能力； 2. 具有分析问题、解决问题的能力； 3. 具有技术资料的搜集与整理能力； 4. 具有完成任务的过程设计能力。 社会能力： 1. 具备一定的组织协调能力； 2. 具有较强的交流沟通能力和良好的语言表达能力； 3. 具有严谨的工作态度和团队协作、吃苦耐劳的精神，爱岗敬业、遵纪守法，自觉遵守职业道德和行业规范			
教学内容	技能点		主要训练内容	
	1. 静态工作点的调试		按照要求接线完成电路装接；调整电路参数获得合理的静态工作点；测量静态工作点并记录	
	2. 放大器放大倍数的测定		使用示波器观察输出波形变化；用电子毫伏表测量输出输入电压值，进行数据分析计算得到放大倍数	
	3. 负反馈放大电路的参数测定与分析		在电路中引入不用负反馈，观察波形变化，总结结论	
教学方法建议	任务驱动法			
教学场所要求	校内实训基地			
考核评价要求	课前准备 10%，过程考核 40%，结果考核 30%，实验报告 20%			

单元名称	电气平面图绘制	最低学时	12 学时
教学目标	专业能力： 1. 能够熟练运用相关绘图命令和编辑、修改命令，并能绘制电气平面图形等相关工程图形； 2. 能识读电气工程图纸； 3. 能够编辑修改图形； 4. 能够打印输出图形； 5. 能够融会贯通、举一反三。 方法能力： 1. 具有独立学习、继续学习的能力； 2. 具有分析问题、解决问题的能力； 3. 具有技术资料的搜集与整理能力； 4. 具有完成任务的过程设计能力。 社会能力： 1. 具备一定的组织协调能力； 2. 具有较强的交流沟通能力和良好的语言表达能力； 3. 具有严谨的工作态度和团队协作、吃苦耐劳的精神，爱岗敬业、遵纪守法，自觉遵守职业道德和行业规范		

教学内容	技能点	主要训练内容
	1. 建筑平面图绘制	图形界限、图层、偏移、多线、删除、修剪等绘图与编辑命令使用方法
	2. 照明、消防平面图的绘制	图层、对象特性、修剪、圆弧、图块、点，复制、旋转等绘图与编辑修改命令使用方法
	3. 平面图标注、编辑与修改	多行文本、单行文本、尺寸标注、尺寸编辑的使用方法
	4. 标题栏绘制	偏移、表格、文字输入、文字标注的使用方法
	5. 照明、消防、弱电及控制系统图绘制案例解析	图块、外部参照和 AutoCAD 设计中心、块属性应用

教学方法建议	任务驱动法
教学场所要求	校内计算机辅助设计机房
考核评价要求	课前准备 10%，过程考核 40%，结果考核 50%

单元名称	电气系统图绘制	最低学时	6 学时
教学目标	专业能力： 1. 能够熟练运用相关绘图命令和编辑、修改命令，并能绘制电气系统图形等相关工程图形； 2. 能识读电气工程图纸； 3. 能够编辑修改图形； 4. 能够打印输出图形； 5. 能够融会贯通、举一反三。 方法能力： 1. 具有独立学习、继续学习的能力； 2. 具有分析问题、解决问题的能力； 3. 具有技术资料的搜集与整理能力； 4. 具有完成任务的过程设计能力。 社会能力： 1. 具备一定的组织协调能力； 2. 具有较强的交流沟通能力和良好的语言表达能力； 3. 具有严谨的工作态度和团队协作、吃苦耐劳的精神，爱岗敬业、遵纪守法，自觉遵守职业道德和行业规范		

单元名称	电气系统图绘制		最低学时	6 学时
教学内容	技能点	主要训练内容		
	1. 系统图绘制	直线、矩形、打断、分解、移动、复制等绘图编辑命令使用方法		
	2. 参数标注	多行文本、单行文本、尺寸标注、尺寸编辑的使用方法		
	3. 系统图编辑与修改	编辑修改命令与图形特性的使用方法		
	4. 图纸保存与输出	图形文件的操作，模型空间打印步骤；图纸空间打印图形方法		
教学方法建议	任务驱动法			
教学场所要求	校内计算机辅助设计机房			
考核评价要求	课前准备 10%，过程考核 40%，结果考核 50%			

电话系统线路设计技能单元教学要求　　　　　　　　　　**表 61**

单元名称	电话系统线路设计		最低学时	4 学时
教学目标	专业能力： 1. 能熟练掌握施工配线方法； 2. 能够正确安装电缆交接箱、电缆分线箱和分线盒； 3. 能够正确地对主干电缆进行敷设； 4. 掌握建筑物内配线电缆和用户引入线的敷设。 方法能力： 1. 具有独立学习、继续学习的能力； 2. 具有分析问题、解决问题的能力； 3. 具有技术资料的搜集与整理能力； 4. 具有完成任务的过程设计能力。 社会能力： 1. 具备一定的组织协调能力； 2. 具有较强的交流沟通能力和良好的语言表达能力； 3. 具有严谨的工作态度和团队协作、吃苦耐劳的精神，爱岗敬业、遵纪守法，自觉遵守职业道德和行业规范			
教学内容	技能点	主要训练内容		
	1. 电缆配线方式选择	直接配线方案；交接配线方案等		
	2. 电缆配线接续设备的安装与使用	电缆交接箱的安装；电缆分线箱、分线盒的安装及其容量的选择		
	3. 用户线路的敷设	主干电缆的敷设；建筑物内配线电缆和用户引入线的敷设		
教学方法建议	任务驱动法			
教学场所要求	校内实训基地			
考核评价要求	课前准备 10%，过程考核 40%，结果考核 30%，实验报告 20%			

单元名称	闭路监控系统的调试与验收		最低学时	4 学时
教学目标	专业能力： 1. 能熟练掌握电源检测方法； 2. 能够正确使用用兆欧表检测线路； 3. 能够正确测量出接地电阻； 4. 掌握单体调试步骤与方法； 5. 能够独立编制施工质量验收表。 方法能力： 1. 具有独立学习、继续学习的能力； 2. 具有分析问题、解决问题的能力； 3. 具有技术资料的搜集与整理能力； 4. 具有完成任务的过程设计能力。 社会能力： 1. 具备一定的组织协调能力； 2. 具有较强的交流沟通能力和良好的语言表达能力； 3. 具有严谨的工作态度和团队协作、吃苦耐劳的精神，爱岗敬业、遵纪守法，自觉遵守职业道德和行业规范			
教学内容	技能点	主要训练内容		
	1. 系统的调试	电源检测、线路检查、接地电阻测量；单体调试；全系统调试		
	2. 系统工程验收	监视器图像质量评定；施工质量验收表的编制		
教学方法建议	任务驱动法			
教学场所要求	校内实训基地			
考核评价要求	课前准备 10％，过程考核 40％，结果考核 30％，实验报告 20％			

单元名称	广播音响系统安装与调试	最低学时	4 学时
教学目标	专业能力： 1. 能够掌握传声器与扬声器线路的选择方案； 2. 能够正确选择管路的距离； 3. 能够掌握线槽的使用与辐射等； 4. 熟练掌握扬声器与定阻抗式功放配接的计算方法； 5. 熟练掌握扬声器与定电压式功放配接的计算方法。 方法能力： 1. 具有独立学习、继续学习的能力； 2. 具有分析问题、解决问题的能力； 3. 具有技术资料的搜集与整理能力； 4. 具有完成任务的过程设计能力。 社会能力： 1. 具备一定的组织协调能力； 2. 具有较强的交流沟通能力和良好的语言表达能力； 3. 具有严谨的工作态度和团队协作、吃苦耐劳的精神，爱岗敬业、遵纪守法，自觉遵守职业道德和行业规范		

单元名称	广播音响系统安装与调试		最低学时	4 学时
教学内容	技能点	主要训练内容		
	1. 系统线路连接	传声器与扬声器线路的选择方案；管路的距离；线槽的使用与敷设等		
	2. 功放与线路扬声器的配接	扬声器与定阻抗式功放配接的计算方法；扬声器与定电压式功放配接的计算方法		
教学方法建议	任务驱动法			
教学场所要求	校内实训基地			
考核评价要求	课前准备 10%，过程考核 40%，结果考核 30%，实验报告 20%			

楼宇可视对讲系统安装与调试技能单元教学要求   表 64

单元名称	楼宇可视对讲系统安装与调试		最低学时	4 学时
教学目标	专业能力： 1. 能够正确选用视频线进行布线； 2. 能够正确选用信号线布线； 2. 能够合理选择与使用电源线； 3. 能够正确地对门口机、分控器、适配器配电； 4. 熟练掌握单体设备的线路连接。 方法能力： 1. 具有独立学习、继续学习的能力； 2. 具有分析问题、解决问题的能力； 3. 具有技术资料的搜集与整理能力； 4. 具有完成任务的过程设计能力。 社会能力： 1. 具备一定的组织协调能力； 2. 具有较强的交流沟通能力和良好的语言表达能力； 3. 具有严谨的工作态度和团队协作、吃苦耐劳的精神，爱岗敬业、遵纪守法，自觉遵守职业道德和行业规范			
教学内容	技能点	主要训练内容		
	1. 系统的布线	视频线的选用与布线；信号线的选用与布线；电源线的选择与使用		
	2. 系统设备安装与调试	室内机的选择与使用；门口机、分控器、适配器的配电；单体设备的线路连接等		
教学方法建议	任务驱动法			
教学场所要求	校内实训基地			
考核评价要求	课前准备 10%，过程考核 40%，结果考核 30%，实验报告 20%			

报警设备的选择和安装技能单元教学要求　　　　　　表 65

单元名称	报警设备的选择和安装		最低学时	6 学时
教学目标	专业能力： 1. 能熟练掌握报警探测器的选择； 2. 能够正确选择传输线路和敷设线路； 3. 能够掌握报警探测器的安装。 方法能力： 1. 具有独立学习、继续学习的能力； 2. 具有分析问题、解决问题的能力； 3. 具有技术资料的搜集与整理能力； 4. 具有完成任务的过程设计能力。 社会能力： 1. 具备一定的组织协调能力； 2. 具有较强的交流沟通能力和良好的语言表达能力； 3. 具有严谨的工作态度和团队协作、吃苦耐劳的精神，爱岗敬业、遵纪守法，自觉遵守职业道德和行业规范			
教学内容	技能点	主要训练内容		
	1. 报警设备的选择	报警探测器的选择；传输线路的选择		
	2. 报警设备的安装	报警探测器的安装；传输线路敷设		
教学方法建议	任务驱动法			
教学场所要求	校内实训基地			
考核评价要求	课前准备 10%，过程考核 40%，结果考核 30%，实验报告 20%			

变频器的基本操作技能单元教学要求　　　　　　表 66

单元名称	变频器的基本操作	最低学时	4 学时
教学目标	专业能力： 1. 能够读懂并理解设备说明书； 2. 能熟练操作变频器面板； 3. 正确编写实验报告； 4. 能够按照要求进行变频器的组装接线。 方法能力： 1. 具有独立学习、继续学习的能力； 2. 具有分析问题、解决问题的能力； 3. 具有技术资料的搜集与整理能力； 4. 具有完成任务的过程设计能力。 社会能力： 1. 具备一定的组织协调能力； 2. 具有较强的交流沟通能力和良好的语言表达能力； 3. 具有严谨的工作态度和团队协作、吃苦耐劳的精神，爱岗敬业、遵纪守法，自觉遵守职业道德和行业规范		

单元名称	变频器的基本操作		最低学时	4 学时
教学内容	技能点	主要训练内容		
	1. 变频器面板操作	阅读设备说明书；对变频器面板进行操作		
	2. 变频器的组装接线	简单拆解变频器；变频器接线		
教学方法建议	任务驱动法			
教学场所要求	校内实训基地			
考核评价要求	课前准备 10%，过程考核 40%，结果考核 30%，实验报告 20%			

变频器的基本应用技能单元教学要求　　　　　　　　　　　　　　　　**表 67**

单元名称	变频器的基本应用		最低学时	6 学时
教学目标	专业能力： 1. 能够按照控制要求操作变频器； 2. 能够完成相应电路的接线； 3. 编制实验报告。 方法能力： 1. 具有独立学习、继续学习的能力； 2. 具有分析问题、解决问题的能力； 3. 具有技术资料的搜集与整理能力； 4. 具有完成任务的过程设计能力。 社会能力： 1. 具备一定的组织协调能力； 2. 具有较强的交流沟通能力和良好的语言表达能力； 3. 具有严谨的工作态度和团队协作、吃苦耐劳的精神，爱岗敬业、遵纪守法，自觉遵守职业道德和行业规范			
教学内容	技能点	主要训练内容		
	1. 变频器的点动控制	按照设计好的电路进行接线并完成操作		
	2. 变频器的正反转控制	按照设计好的电路进行接线并完成操作		
	3. 变频器的多段速控制	按照设计好的电路进行接线并完成操作		
教学方法建议	任务驱动法			
教学场所要求	校内实训基地			
考核评价要求	课前准备 10％，过程考核 40％，结果考核 30％，实验报告 20％			

FX 系列 PLC 机器硬件认识及使用技能单元教学要求 表 68

单元名称	FX 系列 PLC 机器硬件认识及使用		最低学时	4 学时
教学目标	专业能力： 1. 能熟练掌握外部接线端子的连接方法； 2. 能够理解指示部分与显示屏部分的作用与意义； 3. 能够正确地对 I/O 点编号及连接； 4. 掌握 FX-20P 编程器的面板上各键的使用。 方法能力： 1. 具有独立学习、继续学习的能力； 2. 具有分析问题、解决问题的能力； 3. 具有技术资料的搜集与整理能力； 4. 具有完成任务的过程设计能力。 社会能力： 1. 具备一定的组织协调能力； 2. 具有较强的交流沟通能力和良好的语言表达能力； 3. 具有严谨的工作态度和团队协作、吃苦耐劳的精神，爱岗敬业、遵纪守法，自觉遵守职业道德和行业规范			
教学内容	技能点	主要训练内容		
	1. 认识 FX 系列 PLC 外部端子的功能及连接方法	外部接线端子的连接方法；指示部分的认知；接口部分功能的使用；I/O 点的编号及连接		
	2. 使用 FX-20P 手持编程器	FX-20P 结构的认知；FX-20P 编程器的面板上各键的使用；液晶显示屏的认知		
教学方法建议	任务驱动法			
教学场所要求	校内实训基地			
考核评价要求	课前准备 10%，过程考核 40%，结果考核 30%，实验报告 20%			

基本逻辑指令的编程技能单元教学要求 表 69

单元名称	基本逻辑指令的编程		最低学时	4 学时
教学目标	专业能力： 1. 能熟练地对输入、输出元件编号； 2. 能够掌握梯形图的画法及指令语句的编程及输入； 3. 能够正确利用与、或、非逻辑指令在梯形图中的编制及程序输入。 方法能力： 1. 具有独立学习、继续学习的能力； 2. 具有分析问题、解决问题的能力； 3. 具有技术资料的搜集与整理能力； 4. 具有完成任务的过程设计能力。 社会能力： 1. 具备一定的组织协调能力； 2. 具有较强的交流沟通能力和良好的语言表达能力； 3. 具有严谨的工作态度和团队协作、吃苦耐劳的精神，爱岗敬业、遵纪守法，自觉遵守职业道德和行业规范			

单元名称	基本逻辑指令的编程		最低学时	4 学时
教学内容	技能点	主要训练内容		
	1. FX 系列 PLC 的编程元件的编号规则、功能及使用方法	输入、输出元件编号；梯形图的画法；指令语句的编程及输入		
	2. 与、或、非逻辑指令的编程	与、或、非逻辑指令的使用；与、或、非逻辑指令在梯形图中的编制及程序输入		
教学方法建议	任务驱动法			
教学场所要求	校内实训基地			
考核评价要求	课前准备 10％，过程考核 40％，结果考核 30％，实验报告 20％			

定时器和计数器编程技能单元教学要求　　　　　　　　　　　表 70

单元名称	定时器和计数器编程		最低学时	4 学时
教学目标	专业能力： 1. 能熟练掌握定时器的编程方法； 2. 能够掌握定时器指令在输入编程器的方法与使用； 3. 能够掌握计数器的编程方法； 4. 能够掌握计数器指令在输入编程器的方法与使用。 方法能力： 1. 具有独立学习、继续学习的能力； 2. 具有分析问题、解决问题的能力； 3. 具有技术资料的搜集与整理能力； 4. 具有完成任务的过程设计能力。 社会能力： 1. 具备一定的组织协调能力； 2. 具有较强的交流沟通能力和良好的语言表达能力； 3. 具有严谨的工作态度和团队协作、吃苦耐劳的精神，爱岗敬业、遵纪守法，自觉遵守职业道德和行业规范			
教学内容	技能点	主要训练内容		
	1. FX 系列 PLC 的定时器编程	定时器的编程方法；定时器指令在输入编程器的方法与使用		
	2. FX 系列 PLC 的计数器编程	计数器的编程方法；计数器指令在输入编程器的方法与使用		
教学方法建议	任务驱动法			
教学场所要求	校内实训基地			
考核评价要求	课前准备 10％，过程考核 40％，结果考核 30％，实验报告 20％			

单元名称	照明工程光照设计		最低学时	8 学时
教学目标	专业能力： 1. 会使用照明设计标准； 2. 能根据照明环境的要求合理选择电光源和灯具； 3. 根据房间尺寸进行灯具布置； 4. 计算照度并判断是否满足照明标准的要求； 5. 绘制照明平面图。 方法能力： 1. 具有独立学习、继续学习的能力； 2. 具有分析问题、解决问题的能力； 3. 具有技术资料的搜集与整理能力； 4. 具有完成任务的过程设计能力。 社会能力： 1. 具备一定的组织协调能力； 2. 具有较强的交流沟通能力和良好的语言表达能力； 3. 具有严谨的工作态度和团队协作、吃苦耐劳的精神，爱岗敬业、遵纪守法，自觉遵守职业道德和行业规范			
教学内容	技能点		主要训练内容	
	1. 灯具选择		根据给定的照明环境，合理地选择电光源和灯具	
	2. 灯具布置		查距高比；计算等间距；计算灯墙距；验证是否合理；调整等间距；进行布灯草图的绘制	
	3. 照度计算		根据布灯结果计算室内照度，对比照明标准要求，不合理时进行调整	
	4. 照明工程平面图的识读与绘制		照明平面图的识读与绘制	
教学方法建议	任务驱动法			
教学场所要求	校内实训基地			
考核评价要求	课前准备 10%，过程考核 40%，结果考核 30%，实验报告 20%			

单元名称	照明工程电气设计	最低学时	4 学时
教学目标	专业能力： 1. 会使用民用建筑电气设计规范； 2. 能根据照明设备的实际情况进行负荷计算； 3. 能根据负荷计算结果合理选择导线及开关设备； 4. 能绘制照明系统图。 方法能力： 1. 具有独立学习、继续学习的能力； 2. 具有分析问题、解决问题的能力； 3. 具有技术资料的搜集与整理能力； 4. 具有完成任务的过程设计能力。 社会能力： 1. 具备一定的组织协调能力； 2. 具有较强的交流沟通能力和良好的语言表达能力； 3. 具有严谨的工作态度和团队协作、吃苦耐劳的精神，爱岗敬业、遵纪守法，自觉遵守职业道德和行业规范		

单元名称	照明工程电气设计		最低学时	4 学时
教学内容	技能点		主要训练内容	
	1. 照明负荷计算		进行配电箱照明负荷的计算，计算出总电流和总功率	
	2. 导线及开关设备的选择		根据负荷计算的结果，选择照明线路、开关设备等	
	3. 保护设备选择		合理选择线路的保护设备；确定保护动作值	
	4. 照明系统图的识读与绘制		照明系统图的识读与绘制	
教学方法建议	任务驱动法			
教学场所要求	校内实训基地			
考核评价要求	课前准备 10%，过程考核 40%，结果考核 30%，实验报告 20%			

负荷计算技能单元教学要求　　　　　　　　　　　　　表 73

单元名称	负荷计算		最低学时	6 学时
教学目标	专业能力： 1. 形成负荷计算的整体思路； 2. 熟练应用需要系数法进行供配电线路中不同位置的负荷计算； 3. 会处理无功补偿的问题；会填制负荷计算表，会画系统图。 方法能力： 1. 具有独立学习、继续学习的能力； 2. 具有分析问题、解决问题的能力； 3. 具有技术资料的搜集与整理能力； 4. 具有完成任务的过程设计能力。 社会能力： 1. 具备一定的组织协调能力； 2. 具有较强交流沟通的能力和良好的语言表达能力； 3. 具有严谨的工作态度和团队协作能力			
教学内容	技能点		主要训练内容	
	1. 单台设备负荷计算		根据设备工作制计算设备容量；单台设备的负荷计算	
	2. 设备组负荷计算		根据设备组类型选择合理的需要系数；计算设备组的计算负荷	
	3. 干线上的负荷计算		干线上有功、无功计算负荷的求解方法；同时运行系数的确定	
	4. 母线上的负荷计算		母线上有功、无功计算负荷的求解方法；同时运行系数的确定；无功补偿的处理；补偿后功率因数的计算	
	5. 负荷计算表的填制		负荷计算表的编制；负荷计算表的填写	
教学方法建议	任务驱动法			
教学场所要求	校内实训基地			
考核评价要求	课前准备 10%，过程考核 40%，结果考核 30%，实验报告 20%			

单元名称	无功补偿计算		最低学时	2 学时
教学目标	专业能力： 1. 能够计算建筑负荷的功率因数； 2. 能根据要求进行无功补偿的计算； 3. 正确确定补偿电容的大小。 方法能力： 1. 具有独立学习、继续学习的能力； 2. 具有分析问题、解决问题的能力； 3. 具有技术资料的搜集与整理能力； 4. 具有完成任务的过程设计能力。 社会能力： 1. 具备一定的组织协调能力； 2. 具有较强的交流沟通能力和良好的语言表达能力； 3. 具有严谨的工作态度和团队协作、吃苦耐劳的精神，爱岗敬业、遵纪守法，自觉遵守职业道德和行业规范			
教学内容	技能点	主要训练内容		
	1. 功率因数的计算	建筑投入使用前功率因数的计算；建筑投入使用后功率因数的计算		
	2. 补偿电容的计算	计算补偿电容的电容值		
教学方法建议	任务驱动法			
教学场所要求	校内实训基地			
考核评价要求	课前准备 10%，过程考核 40%，结果考核 30%，实验报告 20%			

单元名称	电气设备的选择与校验		最低学时	2 学时
教学目标	专业能力： 1. 能根据设备适用场合正确选择设备类型； 2. 能根据设备使用环境确定设备的额定参数； 3. 能根据设备的种类选择校验项目并进行校验。 方法能力： 1. 具有独立学习、继续学习的能力； 2. 具有分析问题、解决问题的能力； 3. 具有技术资料的搜集与整理能力； 4. 具有完成任务的过程设计能力。 社会能力： 1. 具备一定的组织协调能力； 2. 具有较强的交流沟通能力和良好的语言表达能力； 3. 具有严谨的工作态度和团队协作、吃苦耐劳的精神，爱岗敬业、遵纪守法，自觉遵守职业道德和行业规范			

单元名称	电气设备的选择与校验	最低学时	2 学时

教学内容	技能点	主要训练内容
	1. 电气设备的选择	设备额定电压的确定；设备额定电流的确定；设备额定容量的确定；设备型号的确定
	2. 电气设备的校验	设备热稳定性校验；设备电动稳定性校验

教学方法建议	分组训练法
教学场所要求	校内实训基地
考核评价要求	课前准备 10%，过程考核 40%，结果考核 30%，计算书 20%

施工现场临时用电设计技能单元教学要求　　　　　　　　　　　　**表 76**

单元名称	施工现场临时用电设计	最低学时	6 学时

教学目标	专业能力： 1. 会进行施工现场临时用电现场勘察并确定用电方案； 2. 能根据设备具体情况计算相应的设计计算； 3. 正确绘制工程图纸。 方法能力： 1. 具有独立学习、继续学习的能力； 2. 具有分析问题、解决问题的能力； 3. 具有技术资料的搜集与整理能力； 4. 具有完成任务的过程设计能力。 社会能力： 1. 具备一定的组织协调能力； 2. 具有较强的交流沟通能力和良好的语言表达能力； 3. 具有严谨的工作态度和团队协作、吃苦耐劳的精神，爱岗敬业、遵纪守法，自觉遵守职业道德和行业规范

教学内容	技能点	主要训练内容
	1. 确定供电方案	现场勘察；确定电源进线、变电所或配电室、配电装置、用电设备位置及线路走向
	2. 进行负荷计算	负荷计算；功率因数计算；负荷计算表的填制
	3. 变压器选择	类型的选择、数量的选择、容量的选择、连接组别的选择
	4. 设计配电系统	设计配电线路；选择导线和电缆；设计配电装置；设计接地装置；绘制临时用电工程图纸
	5. 确定防护措施	确定防雷装置；确定安全用电措施和电气防火措施

教学方法建议	分组训练法
教学场所要求	校内实训基地
考核评价要求	课前准备 10%，过程考核 40%，结果考核 30%，计算书 20%

单元名称	继电-接触控制电路安装		最低学时	10 学时
教学目标	专业能力： 1. 认识常用低压电器，能准确确定接线端子； 2. 借助训练台能正确进行低压电器设备的安装接线； 3. 能进行典型控制电路的设计； 4. 按照图纸熟练进行控制线路的装接、纠错和调试。 方法能力： 1. 具有独立学习、继续学习的能力； 2. 具有分析问题、解决问题的能力； 3. 具有技术资料的搜集与整理能力； 4. 具有完成任务的过程设计能力。 社会能力： 1. 具备一定的组织协调能力； 2. 具有较强的交流沟通能力和良好的语言表达能力； 3. 具有严谨的工作态度和团队协作、吃苦耐劳的精神，爱岗敬业、遵纪守法，自觉遵守职业道德和行业规范			
教学内容	技能点		主要训练内容	
	1. 常用低压电器的选用与安装		开关、交流接触器、热继电器、熔断器的选择；开关、交流接触器、热继电器、熔断器的安装	
	2. 典型控制线路的设计与装接		点动控制、正反转控制、反接制动控制、调速控制电路的设计；点动控制、正反转控制、反接制动控制、调速控制电路的装接与运行调试	
教学方法建议	分组训练法			
教学场所要求	校内实训基地			
考核评价要求	课前准备 10%，过程考核 40%，结果考核 30%，计算书 20%			

单元名称	建筑常用控制系统设备安装	最低学时	16 学时
教学目标	专业能力： 1. 认识常用低压电器，能准确确定接线端子； 2. 借助训练台能正确进行低压电器设备的安装接线； 3. 能进行典型控制电路的设计； 4. 按照图纸熟练进行控制线路的装接、纠错和调试。 方法能力： 1. 具有独立学习、继续学习的能力； 2. 具有分析问题、解决问题的能力； 3. 具有技术资料的搜集与整理能力； 4. 具有完成任务的过程设计能力。 社会能力： 1. 具备一定的组织协调能力； 2. 具有较强的交流沟通能力和良好的语言表达能力； 3. 具有严谨的工作态度和团队协作精神		

单元名称	建筑常用控制系统设备安装		最低学时	16 学时
教学内容	技能点	主要训练内容		
	1. 给水排水控制方案设计	控制电路功能的确定；控制设备的选择；控制线路的设计		
	2. 锅炉房动力设备控制电路安装及调试	控制电路功能的确定；控制设备的选择；控制线路的设计；控制线路的安装与调试		
	3. 空调设备控制电路安装及调试	控制电路功能的确定；控制设备的选择；控制线路的设计；控制线路的安装与调试		
	4. 电梯控制系统编程及排故	电梯控制线路的设计；电梯控制系统编程；控制程序运行与调试；控制线路排障与纠错		
教学方法建议	分组训练法			
教学场所要求	校内实训基地			
考核评价要求	课前准备 10%，过程考核 40%，结果考核 30%，计算书 20%			

火灾自动报警系统设计、安装与调试技能单元教学要求 表 79

单元名称	火灾自动报警系统设计、安装与调试		最低学时	8 学时
教学目标	专业能力： 1. 能根据设备适用场合正确选择报警设备类型； 2. 能根据工程要求完成系统设计； 3. 能正确进行设备的安装； 4. 能根据实际完成设备调试。 方法能力： 1. 具有独立学习、继续学习的能力； 2. 具有分析问题、解决问题的能力； 3. 具有技术资料的搜集与整理能力； 4. 具有完成任务的过程设计能力。 社会能力： 1. 具备一定的组织协调能力； 2. 具有较强的交流沟通能力和良好的语言表达能力； 3. 具有严谨的工作态度和团队协作、吃苦耐劳的精神，爱岗敬业、遵纪守法，自觉遵守职业道德和行业规范			
教学内容	技能点	主要训练内容		
	1. 火灾自动报警系统设计	方案确定、设备选择与计算、设备额定容量的确定、设备型号的确定、布置、回路划分与布线、工程图绘制、设计说明编写		
	2. 火灾自动报警系统设备安装	编写安装方案；根据方案分别对探测器、手动报警按钮、声光报警器、信号模块、控制模块、切换模块、短路隔离器、消防广播、消防电话、报警主机等进行正确安装		
	3. 火灾报警系统调试	编写调试方案；根据方案按步骤调试		
教学方法建议	分组训练法			
教学场所要求	校内实训基地			
考核评价要求	课前准备 10%，过程考核 40%，结果考核 30%，计算书 20%			

单元名称	消防联动控制线路及设备安装调试		最低学时	10 学时
教学目标	专业能力： 1. 能完成消火栓灭火系统的设备选型、安装与调试； 2. 能对防排烟设备进行联动控制、安装与调试； 3. 能够完成消防广播通信系统设计、安装与调试； 4. 正确设置应急照明与疏散指示标志； 5. 能实现消防电梯的联动控制及调试； 6. 正确绘制工程图纸。 方法能力： 1. 具有独立学习、继续学习的能力； 2. 具有分析问题、解决问题的能力； 3. 具有技术资料的搜集与整理能力； 4. 具有完成任务的过程设计能力。 社会能力： 1. 具备一定的组织协调能力； 2. 具有较强的交流沟通能力和良好的语言表达能力； 3. 具有严谨的工作态度和团队协作、吃苦耐劳的精神，爱岗敬业、遵纪守法，自觉遵守职业道德和行业规范			
教学内容	技能点		主要训练内容	
	1. 消防水泵联动控制系统安装与调试		现场勘察；确定电源进线；确定消火栓泵、喷淋泵控制柜位置；联动设备位置及线路走向；编写施工方案；按程序安装与调试	
	2. 防排烟设备的联动控制与安装		防火卷帘选择、联动设计、安装、控制操作、调试；防、排烟风机及联动设备选择、设计、安装及调试	
	3. 消防广播通信系统设计与安装		消防广播通信方案确定、类型的选择、数量的选择、容量的选择、设置场所、广播方式、线制的选择；消防广播通信系统设备安装、联动控制与调试	
	4. 应急照明与疏散指示标志的联动控制与安装		选择火灾事故照明与疏散诱导系统、绘制联动图、安装设备、调试	
	5. 消防电梯的联动控制		计算消防电梯数量、容量，选择电梯型号；确定消防电梯联动形式；安装与联动操作	
	6. 消防联动系统识图训练		识读图纸、设计说明、平面图、系统图、局部图的设备类型、数量、线制、敷设方式、管线尺寸、回路等，逐步深入，能对图纸会审，会绘制工程图	
教学方法建议	分组训练法			
教学场所要求	校内实训基地			
考核评价要求	课前准备 10%，过程考核 40%，结果考核 30%，计算书 20%			

单元名称	电气施工常用工具、测量仪表的使用		最低学时	4 学时
教学目标	专业能力： 1. 能熟练、正确使用各种工具； 2. 能熟练、正确使用各种测量仪表对电气装置进行测试。 方法能力： 1. 具有独立学习、继续学习的能力； 2. 具有分析问题、解决问题的能力； 3. 具有技术资料的搜集与整理能力； 4. 具有完成任务的过程设计能力。 社会能力： 1. 具备一定的组织协调能力； 2. 具有较强的交流沟通能力和良好的语言表达能力； 3. 具有严谨的工作态度和团队协作、吃苦耐劳的精神，爱岗敬业、遵纪守法，自觉遵守职业道德和行业规范			
教学内容	技能点		主要训练内容	
	1. 常用电工工具的使用		试电笔、电工刀、剥线钳、断线钳等的使用训练	
	2. 常用钳工工具的使用		钢锯、台钳、锉刀、手锤等的使用训练	
	3. 其他工具的使用		电钻、冲击钻、射钉枪、无齿锯、套丝机等的使用训练	
	4. 测量仪表的使用		万能表、钳形电流表、兆欧表、接地电阻测量仪等的使用训练	
教学方法建议	任务驱动法			
教学场所要求	校内实训基地			
考核评价要求	课前准备 10%，过程考核 40%，结果考核 30%，实验报告 20%			

单元名称	室内配线安装	最低学时	10 学时
教学目标	专业能力： 1. 能进行绝缘导线连接； 2. 能进行线管明配、暗配的安装； 3. 能进行管内穿线； 4. 会使用兆欧表对线路进行绝缘电阻测试。 方法能力： 1. 具有独立学习、继续学习的能力； 2. 具有分析问题、解决问题的能力； 3. 具有技术资料的搜集与整理能力； 4. 具有完成任务的过程设计能力。 社会能力： 1. 具备一定的组织协调能力； 2. 具有较强的交流沟通能力和良好的语言表达能力； 3. 具有严谨的工作态度和团队协作、吃苦耐劳的精神，爱岗敬业、遵纪守法，自觉遵守职业道德和行业规范		

单元名称	室内配线安装		最低学时	10 学时
教学内容	技能点		主要训练内容	
	1. 绝缘导线连接		单股铜导线连接；多股铜导线连接；单股铝导线连接；铜、铝导线连接	
	2. 线管配线安装		线管切割；线管弯曲；钢管套丝；线管敷设；管内穿线	
	3. 线路绝缘电阻测试		使用兆欧表进行线路绝缘电阻测试	
教学方法建议	任务驱动法			
教学场所要求	校内实训基地			
考核评价要求	课前准备 10%，过程考核 40%，结果考核 30%，实验报告 20%			

电气照明装置安装技能单元教学要求　　　　　　　　　　表 83

单元名称	电气照明装置安装		最低学时	8 学时
教学目标	专业能力： 1. 会安装明装、暗装插座； 2. 会安装明装、暗装开关； 3. 能安装常用灯具； 4. 能安装配电箱及进行箱内配线。 方法能力： 1. 具有独立学习、继续学习的能力； 2. 具有分析问题、解决问题的能力； 3. 具有技术资料的搜集与整理能力； 4. 具有完成任务的过程设计能力。 社会能力： 1. 具备一定的组织协调能力； 2. 具有较强的交流沟通能力和良好的语言表达能力； 3. 具有严谨的工作态度和团队协作、吃苦耐劳的精神，爱岗敬业、遵纪守法，自觉遵守职业道德和行业规范			
教学内容	技能点		主要训练内容	
	1. 插座安装		明装插座安装；暗装插座安装；插座接线	
	2. 开关安装		明装开关安装；暗装开关安装；开关接线	
	3. 照明灯具安装		吊灯安装；吸顶灯安装；壁灯安装	
	4. 照明配电箱安装		悬挂式明装配电箱安装；暗装配电箱安装；落地式配电箱安装	
教学方法建议	任务驱动法			
教学场所要求	校内实训基地			
考核评价要求	课前准备 10%，过程考核 40%，结果考核 30%，实验报告 20%			

单元名称	硬母线安装		最低学时	6 学时
教学目标	专业能力： 1. 能使用切割工具正确切割硬母线； 2. 能使用母线弯曲机对母线进行弯曲； 3. 能对母线进行搭接连接。 方法能力： 1. 具有独立学习、继续学习的能力； 2. 具有分析问题、解决问题的能力； 3. 具有技术资料的搜集与整理能力； 4. 具有完成任务的过程设计能力。 社会能力： 1. 具备一定的组织协调能力； 2. 具有较强的交流沟通能力和良好的语言表达能力； 3. 具有严谨的工作态度和团队协作、吃苦耐劳的精神，爱岗敬业、遵纪守法，自觉遵守职业道德和行业规范			
教学内容	技能点		主要训练内容	
	1. 硬母线的切割		使用钢锯切割矩形铝母线；使用无齿锯切割矩形铝母线	
	2. 硬母线的弯曲		使用弯曲机进行母线的平弯；母线的立弯	
	3. 硬母线的连接		用台钻进行母线钻孔；母线搭接；用力矩扳手紧固螺栓	
教学方法建议	任务驱动法			
教学场所要求	校内实训基地			
考核评价要求	课前准备 10%，过程考核 40%，结果考核 30%，实验报告 20%			

单元名称	接地装置安装	最低学时	2 学时
教学目标	专业能力： 1. 能使用切割工具对垂直接地体进行加工； 2. 能正确测量接地装置接地电阻。 方法能力： 1. 具有独立学习、继续学习的能力； 2. 具有分析问题、解决问题的能力； 3. 具有技术资料的搜集与整理能力； 4. 具有完成任务的过程设计能力。 社会能力： 1. 具备一定的组织协调能力； 2. 具有较强的交流沟通能力和良好的语言表达能力； 3. 具有严谨的工作态度和团队协作、吃苦耐劳的精神，爱岗敬业、遵纪守法，自觉遵守职业道德和行业规范		

单元名称	接地装置安装		最低学时	2 学时
教学内容	技能点	主要训练内容		
	1. 垂直接地体加工	厚壁钢管的斜角切割；角钢的斜角切割		
	2. 接地装置接地电阻测量	使用接地电阻测量仪测量接地装置的接地电阻		
教学方法建议	任务驱动法			
教学场所要求	校内实训基地			
考核评价要求	课前准备 10%，过程考核 40%，结果考核 30%，实验报告 20%			

单位工程施工组织设计技能单元教学要求　　　　　　表 86

单元名称	单位工程施工组织设计		最低学时	6 学时
教学目标	专业能力： 1. 具有编制工程概况的能力； 2. 具有编制建筑电气工程施工方案的能力； 3. 具有编制建筑电气工程施工进度计划的能力； 4. 具有编制建筑电气工程施工准备工作计划及各项资源需用量计划的能力； 5. 具有编制施工技术组织措施的能力。 方法能力： 1. 具有独立学习、继续学习的能力； 2. 具有分析问题、解决问题的能力； 3. 具有技术资料的搜集与整理能力； 4. 具有完成任务的过程设计能力。 社会能力： 1. 具备一定的组织协调能力； 2. 具有较强的交流沟通能力和良好的语言表达能力； 3. 具有严谨的工作态度和团队协作、吃苦耐劳的精神，爱岗敬业、遵纪守法，自觉遵守职业道德和行业规范			
教学内容	技能点	主要训练内容		
	建筑电气工程施工方案的编制	编制工程概况；确定施工流向；确定施工顺序；划分流水段；选择施工方法和施工机械；施工方案的技术经济分析		
	建筑电气工程施工进度计划的编制	编制流水施工进度计划		
	建筑电气工程施工准备工作计划及各项资源需用量计划的编制	编制施工准备工作计划；编制劳动力需要量计划；编制主要材料及非标设备需要量计划；编制主要机具设备需要量计划；编制施工技术组织措施		
教学方法建议	任务驱动法			
教学场所要求	多媒体机房			
考核评价要求	课前准备 10%，过程考核 40%，结果考核 30%，设计成果 20%			

电气工程计价定额的应用技能单元教学要求 表 87

单元名称	电气工程计价定额的应用		最低学时	4 学时
教学目标	专业能力： 1. 能进行人工定额的计算； 2. 能进行材料消耗的计算； 3. 能进行机械台班使用定额的计算。 方法能力： 1. 具有独立学习、继续学习的能力； 2. 具有分析问题、解决问题的能力； 3. 具有技术资料的搜集与整理能力。 社会能力： 1. 具备一定的组织协调能力； 2. 具有较强的交流沟通能力和良好的语言表达能力； 3. 具有严谨的工作态度和团队协作、吃苦耐劳的精神，爱岗敬业、遵纪守法，自觉遵守职业道德和行业规范			
教学内容	技能点	主要训练内容		
	1. 人工定额的计算	时间定额、产量定额的计算		
	2. 材料消耗定额的计算	材料净用量的理论计算法；材料损耗量的损耗率计算法		
	3. 机械台班使用定额的计算	施工机械时间定额的计算；机械产量定额的计算		
教学方法建议	任务驱动法			
教学场所要求	多媒体教室			
考核评价要求	课前准备 10%，过程考核 40%，结果考核 30%，实验报告 20%			

施工图预算的工程量计算技能单元教学要求 表 88

单元名称	施工图预算的工程量计算	最低学时	8 学时
教学目标	专业能力： 1. 能对电气工程项目进行分项工程划分； 2. 能熟练运用分项工程工程量计算规则； 3. 能准确测量施工图所示工程量； 4. 会填写工程量计算表 方法能力： 1. 具有独立学习、继续学习的能力； 2. 具有分析问题、解决问题的能力； 3. 具有技术资料的搜集与整理能力； 4. 具有完成任务的过程设计能力。 社会能力： 1. 具备一定的组织协调能力； 2. 具有较强的交流沟通能力和良好的语言表达能力； 3. 具有严谨的工作态度和团队协作、吃苦耐劳的精神，爱岗敬业、遵纪守法，自觉遵守职业道德和行业规范		

单元名称	施工图预算的工程量计算	最低学时	8 学时
教学内容	技能点	主要训练内容	
	1. 分项工程项目划分	变（配）电室安装工程项目划分；供电干线安装工程项目划分；电气照明工程项目划分、电气动力工程项目划分、防雷及接地工程项目划分等	
	2. 工程量计算规则应用	电气设备安装工程说明及工程量计算规则；建筑智能化系统安装工程说明及工程量计算规则	
	3. 工程量的测量与统计	管线工程量的测量与统计；设备工程量的测量与统计	
教学方法建议	任务驱动法		
教学场所要求	多媒体教室		
考核评价要求	课前准备 10%，过程考核 40%，结果考核 30%，实验报告 20%		

工程量清单综合单价分析表的编制技能单元教学要求　　　　　表 89

单元名称	工程量清单综合单价分析表的编制	最低学时	6 学时
教学目标	专业能力： 1. 会计算人工费、材料费、施工机具使用费； 2. 会计算管理费； 3. 会计算利润； 4. 能够结合合同完成风险的处理； 5. 能够准确填写工程量清单综合单价分析表。 方法能力： 1. 具有独立学习、继续学习的能力； 2. 具有分析问题、解决问题的能力； 3. 具有技术资料的搜集与整理能力。 社会能力： 1. 具备一定的组织协调能力； 2. 具有较强的交流沟通能力和良好的语言表达能力； 3. 具有严谨的工作态度和团队协作、吃苦耐劳的精神，爱岗敬业、遵纪守法，自觉遵守职业道德和行业规范		
教学内容	技能点	主要训练内容	
	1. 人工费、材料费、施工机具使用费的计算	定额子目的查询；人工费、材料费、机械费的查询；定额含量的查询	
	2. 管理费的计算	管理费计费基础；管理费费率的确定	
	3. 利润的计算	利润计费基础；利润费率的确定	
	4. 风险因素的处理	材料费风险费率的确定；设备费风险费率的确定	
教学方法建议	任务驱动法		
教学场所要求	多媒体教室		
考核评价要求	课前准备 10%，过程考核 40%，结果考核 30%，实验报告 20%		

分部分项工程量清单与计价表的编制技能单元教学要求　　　　表 90

单元名称	分部分项工程量清单与计价表的编制		最低学时	4 学时
教学目标	专业能力： 1. 能够依据分项工程划分来确定工程量清单项目编码； 2. 能准确地对清单项目进行项目特征描述； 3. 能够确定某清单项目的工作内容； 4. 能够依据合同确定材料或设备的暂估价。 方法能力： 1. 具有独立学习、继续学习的能力； 2. 具有分析问题、解决问题的能力； 3. 具有技术资料的搜集与整理能力。 社会能力： 1. 具备一定的组织协调能力； 2. 具有较强的交流沟通能力和良好的语言表达能力； 3. 具有严谨的工作态度和团队协作、吃苦耐劳的精神，爱岗敬业、遵纪守法，自觉遵守职业道德和行业规范			
教学内容	技能点	主要训练内容		
	1. 项目编码的确定	工程量清单项目编码的结构、工程量清单项目编码的查询		
	2. 项目特征的描述	项目特征的描述；工作内容的确定		
	3. 暂估价的确定	依据合同确定材料或设备暂估价		
教学方法建议	任务驱动法			
教学场所要求	多媒体教室			
考核评价要求	课前准备 10％，过程考核 40％，结果考核 30％，实验报告 20％			

措施项目清单与计价表的编制技能单元教学要求　　　　表 91

单元名称	措施项目清单与计价表的编制	最低学时	4 学时
教学目标	专业能力： 1. 能正确计算安全文明五项费用； 2. 能够准确确定夜间施工费、二次搬运费等费用的发生和计取； 3. 大型机械设备进出场及安拆费的计取。 方法能力： 1. 具有独立学习、继续学习的能力； 2. 具有分析问题、解决问题的能力； 3. 具有技术资料的搜集与整理能力。 社会能力： 1. 具备一定的组织协调能力； 2. 具有较强的交流沟通能力和良好的语言表达能力； 3. 具有严谨的工作态度和团队协作、吃苦耐劳的精神，爱岗敬业、遵纪守法，自觉遵守职业道德和行业规范		

单元名称	措施项目清单与计价表的编制	最低学时	4 学时

	技能点	主要训练内容
教学内容	1. 安全文明施工费的计算	安全文明施工费的计费基础；安全文明施工费的费率
	2. 夜间施工费、二次搬运费、冬雨期施工费的计取	夜间施工费、二次搬运费、冬雨期施工费的计费基础；夜间施工费、二次搬运费、冬雨期施工费的费率
	3. 大型机械设备进出场及安拆费的计取	大型机械设备进出场及安拆费的计费基础；大型机械设备进出场及安拆费的费率
	4. 施工排水、施工降水等措施项目费用的计取	施工排水、施工降水等措施项目费用的计费基础；施工排水、施工降水等措施项目费用的费率

教学方法建议	任务驱动法
教学场所要求	多媒体教室
考核评价要求	课前准备 10%，过程考核 40%，结果考核 30%，实验报告 20%

其他措施项目清单与计价汇总表的编制技能单元教学要求　　　　表 92

单元名称	其他措施项目清单与计价汇总表的编制	最低学时	2 学时

教学目标	专业能力： 1. 能按照合同的约定确定暂列金额； 2. 能按照合同的约定确定暂估价； 3. 能准确计取计日工； 4. 能正确计算总承包服务费。 方法能力： 1. 具有独立学习、继续学习的能力； 2. 具有分析问题、解决问题的能力； 3. 具有技术资料的搜集与整理能力； 4. 具有完成任务的过程设计能力。 社会能力： 1. 具备一定的组织协调能力； 2. 具有较强的交流沟通能力和良好的语言表达能力； 3. 具有严谨的工作态度和团队协作、吃苦耐劳的精神，爱岗敬业、遵纪守法，自觉遵守职业道德和行业规范

	技能点	主要训练内容
教学内容	1. 暂列金额的计取	暂列金额的计算基础；暂列金额的费率
	2. 暂估价的计取	材料暂估价的确定；工程设备暂估价的确定；专业工程暂估价的确定
	3. 计日工的计取	计日工表的填写
	4. 总承包服务费的计取	总承包服务费的计算基础；总承包服务费的费率

教学方法建议	任务驱动法
教学场所要求	多媒体教室
考核评价要求	课前准备 10%，过程考核 40%，结果考核 30%，实验报告 20%

单元名称	规费和税金项目清单的编制		最低学时	2 学时
教学目标	专业能力： 1. 会进行规费的计算； 2. 会进行税金的计算； 3. 能够进行单位工程组价。 方法能力： 1. 具有独立学习、继续学习的能力； 2. 具有分析问题、解决问题的能力； 3. 具有技术资料的搜集与整理能力。 社会能力： 1. 具备一定的组织协调能力； 2. 具有较强的交流沟通能力和良好的语言表达能力； 3. 具有严谨的工作态度和团队协作、吃苦耐劳的精神，爱岗敬业、遵纪守法，自觉遵守职业道德和行业规范			
教学内容	技能点		主要训练内容	
	1. 规费项目清单的编制		规费项目的计算基础；规费费率的确定	
	2. 税金项目清单的编制		税金的计算基础；税金的费率；规费、税金项目清单与计价表的填写；单位工程投标报价汇总表的填写	
教学方法建议	任务驱动法			
教学场所要求	多媒体教室			
考核评价要求	课前准备 10%，过程考核 40%，结果考核 30%，实验报告 20%			

3. 课程体系构建的原则要求

课程教学包括基础理论教学和实践技能教学。课程可以按知识/技能领域进行设置，也可以由若干个知识/技能领域构成一门课程，还可以从各知识/技能领域中抽取相关的知识单元组成课程，但最后形成的课程体系应覆盖知识/技能体系的知识单元尤其是核心知识/技能单元。

专业课程体系由核心课程和选修课程组成，核心课程应该覆盖知识/技能体系中的全部核心单元。同时，各院校可选择一些选修知识/技能单元和反映学校特色的知识/技能单元构建选修课程。

倡导工学结合、理实一体的课程模式，但实践教学也应形成由基础训练、综合训练、顶岗实习构成的完整体系。课程体系的构建应具有如下原则：

（1）就业为导向、以能力为本位的原则；

（2）理论知识够用为度、应用知识为主的原则；

（3）体现校企合作、工学结合的原则；

（4）建立突出职业能力培养的课程标准，规范课程教学的原则；

（5）构建理实一体的课程模式原则；

（6）实践教学体系由基础训练、综合训练、顶岗实习递进式构建原则。

9 专业办学基本条件和教学建议

9.1 专业教学团队

1. 专业带头人

专业带头人 1~2 名，本专业或相关专业毕业、具有本科及以上学历（中青年教师应具有硕士及以上学历）、具有副高级及以上职称，具有较强的本专业工程设计、施工及管理能力，具有中级及以上工程系列职称或国家注册执业资格证书。

2. 师资数量

本专业生师比不大于 18：1，主要专业专任教师不少于 5 人，其中智能建筑弱电类专业教师不少于 1 人，仪器仪表或电气自动化类专业教师不少于 1 人，暖通专业教师不少于 1 人，计算机网络类专业教师不少于 1 人；本专业实训教师不少于 2 人。

3. 师资水平及结构

专任专业教师应具备本专业或相近专业大学本科及以上学历，教师中研究生学历或硕士及以上学位比例应达到 15%，专任实训教师应具备建筑电气专业或相近专业专科以上学历、中级以上职业资格证书或中级及以上工程职称证书；本专业专任专业教师"双师"（具备相关专业职业资格证书或企业工作经历）的比例达到 60% 以上；具有中级职称的专业教师占专业教师总数的比例不应少于 50%，具有副高及以上职称的专业教师占专业教师总数的比例不应少于 30%，并不少于 3 人。兼职专业教师除满足本科学历条件外，还应具备 5 年以上的实践经验，应具备建筑电气专业或相近专业中级以上专业技术职称或高级职业资格证书；兼职教师承担的专业课程及学时比例不低于 35%。

9.2 教学设施

1. 校内实训条件

校内实训条件要求见表 94。

建筑电气工程技术专业校内实训条件要求　　　　　　　　　表 94

实训室名称	实践教学项目	主要设备、 设施名称与数量	实训室（场地） 面积（m²）	备注
电工实训室	导线连接 照明线路安装 灯具安装 电表箱安装 开关、插座开装 电风扇安装 接地电阻测量 电动机检修	操作工位 20 个（每个工位供 2 人一组使用）、接地电阻测量仪 20 台、钳形电流表 20 台、兆欧表 20 台、万用表 20 台、电锤 20 把、手电钻 20 把，套筒扳手 5 套、液压钳 5 把、电工工具 20 套（起子、电工刀、验电笔、扳手、尖嘴钳、剪丝钳、手锤等）	120	

实训室名称	实践教学项目	主要设备、设施名称与数量	实训室（场地）面积（m²）	备注
电气控制实训室	可进行电动机各种启动控制操作实训	操作台工位 40 个，电动机 40 台，软启动柜 10 个、自耦降压起动器柜 10 个、变频控制柜 10 个、控制柜 10 个、双速电动机与控制柜 10 套、电工工具 40 套	150	
电子及电机实验室	电工电子技术实验直流电路：单相交流电路实验、磁路自感、互感与变压器实验、模拟电子技术实验、数字电子技术实验、电动机及相关电气仪表等	成套试验台 40 台、示波器 40 台、电动机 40 台、测量仪表 40 个、螺丝刀 40 把	150	
可编程控制实训室	PLC 编程、PLC 控制系统连接、PLC 实时控制	成套实训设备 25 套、电脑 25 台	100	
通信网络与综合布线实训室	水晶头制作、信息插座安装、光纤熔接、光纤、双绞线线路安装、线路测试、局域网组建	机柜 20 个、电脑 20 台、网络交换机 20 台、程控电话交换机 10 台、综合布线操作台 20 个、光纤熔接机 2 台、光纤损耗测试仪器 2 台、光纤故障定位仪 2 台、光纤、双绞线测试仪 2 台、简易双绞线测试仪 20 台、排刀冲压工具 20 个、单刀冲压工具 20 个、网线钳 20 把	120	
建筑电气施工技术实训室	室内配线、电缆头制作及绝缘电阻测量、变配电设备认知及硬母线加工、照明装置安装、防雷及接地装置安装、建筑弱电设备安装	操作工位 40 个，设备有：母线平弯机 3 台、母线立弯机 5 台、母线扭弯机 5 台、高压套管 5 个、电动套丝机 3 台、电动切割机 1 台、液压弯管机 2 台、避雷接地端子箱 4 个、万用表 20 块、冲击钻 2 把、手电钻 2 把，还有室内配线开关、配电箱、插座、灯具、管线等	200	
建筑电气消防技术实训室	消防报警系统线路安装、器件安装、报警器件编码、调试、验收。消防联动控制系统安装调试、验收。消防广播系统的安装调试。消防电话系统安装调试	消防报警与联动控制系统一套，系统包括立式主机 1 台、广播系统 1 套、电话系统 1 套、感烟探测器 15 个、感温探测器 5 个、红外线探测器 2 个、信号模块 5 个、控制模块 4 个、隔离模块 2 个、手报按钮 4 个、消火栓按钮 4 个、水泵 2 台（包括控制柜）、风机 2 台（包括控制柜）、电控风口 4 个、电话 4 台、广播 4 台，完整的消防报警与联动控制系统在实训室现场安装完成。自动喷淋系统一套	100	

实训室名称	实践教学项目	主要设备、设施名称与数量	实训室（场地）面积（m²）	备注
供电照明实训车间	室内照明线路敷设与设备安装；照明设计及局部设备选择与安装；调光设计技能训练；电力系统模拟操作综合训练	开关、插座、灯具、管线10套，设计软件、配电箱、光源、管线等5套，调光台2套，电力系统综合自动化实训装置，电力系统微机监控实训平台，含微机及数据打印设备2套	100	
工程设计与造价实训室	供电与照明工程设计；消防工程设计训练；弱电工程设计训练；工程造价训练等	微机100套	250	

2. 校外实训基地的基本要求

（1）建筑电气工程技术专业校外实训基地应建立在二级及以上资质的房屋建筑工程施工总承包或专业承包企业。

（2）校外实训基地应能提供与本专业培养目标相适应的职业岗位，并宜对学生实施轮岗、顶岗实训。

（3）校外实训基地应具备符合学生实训的场所和设施，具备必要的学习及生活条件，并配置专业人员指导学生实训。

校外实训基地要求见表95。

建筑电气工程技术专业校外实训基地要求　　　　　　　　　表95

单位类别	需要数量	实训内容	要　求
消防工程公司	2个	安排学生生产实习	对于不属于专业公司的房屋建筑工程施工总承包企业应具备相应的专业施工资质。校外实训基地总数不少于10家。应满足专业实践教学、技能训练、轮岗或顶岗实训的要求
造价工程有限公司	2个	安排学生生产实习	
楼宇智能化公司	2个	带学生认识实习	
机电设备安装工程公司	4个	安排学生生产实习	
建筑工程公司	2个	安排学生生产实习	

3. 建筑电气工程技术专业信息网络教学条件

建成1000m主干和10m到桌面的校园网（最好按数字化校园标准建设），校园网以宽带接入方式连接互联网，进入所有办公室、教室和学生寝室；理论课教室、实训室均应配置多媒体设备；教学用计算机每100学生拥有20台以上。

9.3 教材及图书、数字化（网络）资料等学习资源

1. 教材

所有使用教材均应是国家或行业规划高职高专教材或校本教材。

2. 图书及数字化资料

图书资料包括：专业书刊、法律法规、规范规程、教学文件、电化教学资料、教学应用资料等。

（1）专业书刊

生均纸质图书藏量 30 册以上，其中专业图书不少于 60％，同时适用本专业的相关书籍不应少于 2000 册；用于年购置纸质图书费生均不少于 40 元；本专业的相关期刊（含报纸）不少于 10 种；应有电子阅览室、电子图书等，且应随时更新。

（2）电化教学及多媒体教学资料

有一定数量的教学光盘、专业课程均应有多媒体教学课件等资料，并能不断更新、充实其内容和数量，年更新率在 20％以上。

（3）教学应用资料

有一定数量的国内外交流资料，有专业课教学必备的教学图纸、标准图集、规范、预算定额等资料。

3. 数字化（网络）学习资源

以优质数字化资源建设为载体，以课程为主要表现形式，以素材资源为补充，利用网络学习平台建设共享性教学资源库。资源库建设内容涵盖学历教育与职业培训，开发专业教学软件包，包括：试题库、案例库、课件库、专业教学素材库、教学录像库等。通过专业教学网站登载，从而构建共享型专业学习软件包，为网络学习、函授学习、终身学习、学生自主学习提供条件，实现校内、校外资源共享。

9.4　教学方法、手段与教学组织形式建议

1. 教学方法

在教学过程中，教学内容要紧密结合职业岗位标准，技术规范技术标准，提高学生的岗位适应能力。

根据不同课程性质以及不同教学内容，采用多种教学方法。例如，理论教学采取案例教学、演示教学和探究式教学等；实践教学则采取现场教学、项目教学、讨论式教学方法等。

2. 教学手段

利用"职教新干线"的网络教学平台建设，将课程资源实现数字化，共享课程资源。建立远程教育服务平台，开设师生网络交流论坛。利用多媒体技术，上传视频、图片资源，供学生自学与进一步学习深化，为学生自主学习开辟新途径。应用模型、投影仪、多媒体、专业软件等教学资源，帮助学生理解设计、施工的内容和流程。

3. 教学组织

教学过程中立足于加强学生实际操作能力和技术应用能力的培养。采用项目教学、任务驱动、案例教学等发挥学生主体作用，以工作任务引领教学，提高学生的学习兴趣，激发学生学习的内动力。要充分利用校内实训基地和企业施工现场，模拟典型的职业工作任

务，在完成工作任务过程中，让学生独立获取信息、独立计划、独立决策、独立实施、独立检查评估，学生在"做中学，学中做"，从而获得工作过程知识、技能和经验。

9.5　教学评价、考核建议

建筑电气工程技术专业工学结合人才培养模式和课程体系的建立，对考核标准和方式提出了新的要求。其考核应具有全面性、整体性，以学生学习新知识及拓展知识的能力、运用所学知识解决实际问题的能力、创新能力和实践能力的高低作为主要考核标准。考核方式可分为：

（1）工作过程导向的职业岗位课程可采取独立、派对和小组的形式完成，重在对具体工作任务的计划、实施和评价的全过程考查，涵盖各个阶段的关联衔接和协作分工等内容，可通过工作过程再现、分工成果展示、学生之间他评、自评、互评相结合等方式进行评价。

（2）专业认知、生产实习、顶岗实习等课程可重在对学习途径和行动结果描述，包括关于学习计划、时间安排、工作步骤和目标实现的情况等内容，可通过工作报告、成果展示、项目答辩等形式，采用校内老师评价与企业评价相结合的方式进行评价。

（3）工学结合的职业拓展课程可重在对岗位综合能力及其相关专业知识间结构关系的揭示以及相关项目的演示，涉及创造性、想象力、独到性和审美观的内容，可通过成果展示、项目阐述等方式采用发展性评价与综合性评价相结合进行评价。

（4）"双证书"融通

学生通过专业技能认证，获取与工作岗位相应的国家职业资格证书或技术等级证书，对获取国家职业资格证书或技术等级证书的相应课程，可计入相当的成绩比例或学分，并要求至少获得一个相应的国家职业资格证书或技术等级证书，作为获取毕业证书的必要条件。

9.6　教学管理

加强各项教学管理规章制度建设，完善教学质量监控与保障体系；形成教学督导、教师、学生、社会教学评价体系以及完整的信息反馈系统；建立可行的激励机制和奖惩制度；加强对毕业生质量跟踪调查并收集企业对专业人才需求反馈的信息，同时针对不同生源特点和各校实际明确教学管理重点与制定管理模式。

10　继续学习深造建议

本专业毕业生可通过对口升学、函授教育、自学考试等继续学习的渠道接受更高层次教育。其更高层次教育专业面向有：建筑环境与设备工程（本科）、电气工程及自动化（本科）、建筑电气工程（本科）等专业。

建筑电气工程技术专业教学
基本要求实施示例

1　构建课程体系的架构与说明

通过"市场调研、分析进行专业定位→分析职业需求确定职业岗位→分析工作内容、工作过程确定行动领域→转化为学习领域→形成基于工作过程的行动领域课程体系→建立课程标准",构建基于工作过程的工学结合课程体系。

2　专业核心课程简介

将典型工作任务的职业能力结合建筑电气工程技术专业相应职业岗位对应职业资格的要求,归纳出建筑供电与照明工程技术、建筑消防电气技术、建筑电气施工技术、建筑电气工程造价、建筑电气施工组织与管理5门对应的学习领域专业核心课程。专业学习领域核心课程及其对应的主要教学内容见附表1~附表5。

建筑供配电与照明工程技术课程简介　　　　　　　　　　附表1

课程名称	建筑供配电与照明工程技术	学时:100~130	理论50~70学时 实践50~60学时
教学目标	专业能力: 1. 具有相关的建筑电气设计规范、行业标准的应用能力; 2. 具有常用建筑电气设计软件的应用能力; 3. 具有建筑供电与照明工程图纸的绘制与识图能力; 4. 具有建筑供电与照明电气设备选型的能力; 5. 具有建筑供电与照明工程的设计和图纸会审能力; 6. 具有舞台照明设计能力; 7. 具有低压配电柜操作盘中参数的测定能力; 8. 具有建筑供电与照明系统的运行维护能力。 方法能力: 1. 具有独立学习和继续学习能力; 2. 具有分析问题、解决问题能力; 3. 具有适应职业岗位变化的能力。 社会能力: 1. 具有较强人际交往能力; 2. 具有一定的公共关系处理能力; 3. 具有一定的语言表达和写作能力; 4. 具有劳动组织专业协调能力		
教学内容	单元1　照明工程认知 (一)知识点 1. 照明工程图;2. 照明工程设计内容;3. 照明工程常用术语;4. 照明方式与种类;5. 照明工程设计相关规范。		

课程名称	建筑供配电与照明工程技术	学时：100～130	理论 50～70 学时 实践 50～60 学时

| 教学内容 | （二）技能点
1. 照明工程图的识读；2. 设计规范的应用。

单元 2　照明工程光照设计
（一）知识点
1. 照明工程光照设计程序与内容；2. 电光源及其性能指标；3. 照明器及其特性；4. 灯具的布置形式；5. 室内照度计算方法。
（二）技能点
1. 电光源和灯具的选择；2. 灯具的布置；3. 室内照度计算；4. 照明效果评价；5. 照明平面图的绘制。

单元 3　照明工程电气设计
（一）知识点
1. 照明工程电气设计程序与内容；2. 照明负荷计算方法；3. 导线类型及选择方法；4. 常用照明电气设备。
（二）技能点
1. 照明负荷的计算；2. 照明配电箱设计；3. 照明开关设备的选择；4. 设计软件的应用；5. 照明系统图的绘制。

单元 4　建筑供电设计及设备选型
（一）知识点
1. 电力系统的组成；2. 中性点接地方式；3. 变配电系统一次接线；4. 负荷分级及其对供电的要求；5. 计算负荷；6. 变电所组成及作用；7. 高、低压电气设备；8. 导线类型；9. 线缆选择原则与方法；10. 功率因数及其提高方法。
（二）技能点
1. 单台设备负荷计算；2. 设备组负荷计算；3. 干线上的负荷计算；4. 母线上的负荷计算；5. 负荷计算表的填制；6. 建筑用电负荷功率因数的计算；7. 补偿电容的计算；8. 线缆的选择；9. 电气设备的选择；10. 变压器的选择；11. 主结线绘制；12. 施工现场临时供配电设计。

单元 5　建筑电气安全用电工程
（一）知识点
1. 防雷措施；2. 防雷装置；3. 雷击次数；4. 局部等电位联结；5. 总等电位联结；6. 接地电阻。
（二）技能点
1. 防雷计算；2. 避雷针保护范围计算；3. 接地电阻测试；4. 防雷接地平面图绘制。

单元 6　建筑供电与照明工程综合设计
（一）知识点
1. 建筑电气设计内容与范围；2. 建筑电气设计程序；3. 专业设计软件。
（二）技能点
1. 设计资料的搜集与汇总；2. 设计规范的应用；3. 设计计算；4. 建筑电气施工图绘制；5. 设计软件的应用；6. 设计书的编写 |

课程名称	建筑供配电与照明工程技术	学时：100～130	理论 50～70 学时 实践 50～60 学时
实训项目及内容	项目 1　灯具布置计算训练； 项目 2　室内照度计算训练； 项目 3　调光设计技能训练； 项目 4　施工现场临时用电设计训练； 项目 5　电力系统模拟操作综合训练； 项目 6　专业设计软件应用训练； 项目 7　建筑供电与照明工程综合设计训练； 项目 8　建筑用电负荷计算训练； 项目 9　锅炉房供配电系统设计训练； 项目 10　建筑工地临时用电设计训练		
教学方法建议	角色扮演法、参与型教学法、项目教学法、任务驱动法、实训教学法、案例教学法		
考核评价要求	考核应涵盖知识、技能、态度三方面，考核成绩的评定以学生学习任务完成情况为基础，既重视学习课程成果，也重视学习课程实施过程中的职业态度、科学性、规范性和创造性，考核方式可采取学生自评、小组互评以及教师评价相结合		

建筑消防电气技术课程简介　　　　　　　　　　　　　附表 2

课程名称	建筑消防电气技术	学时：80	理论 40 学时 实践 40 学时
教学目标	专业能力： 1. 了解火灾自动报警系统的结构组成与工作原理； 2. 熟悉相关的设计施工验收规范； 3. 掌握火灾自动报警与消防联动控制系统设计方法； 4. 掌握火灾自动报警与消防联动控制系统安装与调试方法。 方法能力： 1. 具有独立学习和继续学习能力； 2. 具有分析问题、解决问题能力； 3. 具有适应职业岗位变化的能力。 社会能力： 1. 具有较强人际交往能力； 2. 具有一定的公共关系处理能力； 3. 具有一定的语言表达和写作能力； 4. 具有劳动组织专业协调能力		

课程名称	建筑消防电气技术	学时：80	理论 40 学时 实践 40 学时
教学内容	单元1　消防系统概论 （一）知识点 1. 火灾的形成；2. 现代消防系统的功能与组成；3. 建筑物防火分类；4. 火灾自动报警系统基本概念。 （二）技能点 1. 火灾自动报警系统保护对象分级；2. 火灾探测器的设置。 单元2　火灾自动报警系统工程设计 （一）知识点 1. 火灾自动报警系统的组成及原理；2. 火灾自动报警系统主要设备性能、型号、标注和主要参数；3. 火灾自动报警系统的工程设计方法步骤与要求；4. 火灾设计规范。 （二）技能点 1. 火灾自动报警系统的设备选型；2. 火灾自动报警系统的工程设计；3. 施工图绘制；4. 设计规范的应用。 单元3　消防联动控制系统的设计 （一）知识点 1. 消防给水系统的类型、组成及基本原理；2. 消火栓灭火系统设备参数；3. 自动喷淋灭火系统设备参数；4. 气体灭火系统设备参数；5. 防灾与减灾系统的类型、原理及特点、系统组成、主要设备、工作过程；6. 设计规范。 （二）技能点 1. 消火栓灭火系统的联动控制设计；2. 自动喷淋灭火系统的联动控制设计；3. 气体灭火系统的联动控制设计；4. 其他防灾与减灾系统的联动控制设计。 单元4　火灾自动报警与联动控制系统安装调试与检测 （一）知识点 1. 火灾自动报警系统设备安装方法及要求；2. 消防设备联动控制系统安装方法及要求；3. 火灾自动报警系统调试与检测内容与方案；4. 消防设备联动控制系统调试与检测内容与方案。 （二）技能点 1. 火灾自动报警系统设备安装操作；2. 消防联动控制系统设备安装操作；3. 火灾自动报警系统调试与检测。4. 消防设备联动控制系统调试与检测			
实训项目及内容	项目1　火灾自动报警与消防联动控制系统综合设计 内容：火灾自动报警系统保护等级确定；系统保护方式的确定；系统方案设计；设备的选择与布置；系统图、平面图的绘制。 项目2　火灾自动报警与消防联动控制系统综合安装实训 内容：设备器件的布置安装；缆线的敷设；缆线与设备的连接；系统设备的调试检测			
教学方法建议	项目教学法、实训教学法、案例教学法			
教学场所要求	校内完成（多媒体教室、实训室）			
考核评价要求	考核应涵盖知识、技能、态度三方面，考核成绩的评定以学生学习任务完成情况为基础，既重视学习课程成果，也重视学习课程实施过程中的职业态度、科学性、规范性和创造性，考核方式可采取学生自评、小组互评以及教师评价相结合			

课程名称	建筑电气施工技术	学时：60～70	· 理论 30 学时 实践 40 学时
教学目标	专业能力： 1. 正确选择控制系统设备能力； 2. 具有识读电气安装工程施工图纸的能力； 3. 具有查阅、运用电气安装工程相关规范和标准的能力； 4. 具备从事和指导建筑电气工程施工的能力； 5. 具有建筑设备控制系统设备运行、管理和维护能力。 方法能力： 1. 具有独立学习和继续学习能力； 2. 具有分析问题、解决问题能力； 3. 具有适应职业岗位变化的能力。 社会能力： 1. 具有较强人际交往能力； 2. 具有一定的公共关系处理能力； 3. 具有一定的语言表达和写作能力； 4. 具有劳动组织专业协调能力		
教学内容	单元1 学习领域概论及认知 （一）知识点 1. 建筑电气工程施工基本知识；2. 建筑电气工程施工质量评定和竣工验收；3. 组织管理概况。 （二）技能点 1. 施工前的各项准备；2. 与土建专业的施工配合；3. 施工组织方案编制程序的确定。 单元2 电气安装常用材料、工具、仪表 （一）知识点 1. 常用材料的种类、规格、型号；2. 工具、仪表的使用方法。 （二）技能点 1. 绝缘导线连接；2. 常用电工工具和仪表的使用。 单元3 室内配线工程 （一）知识点 1. 室内配线基本原则和一般要求；2. 线管配线要求；3. 金属线槽敷设要求；4. 钢索吊管安装要求；5. 配电箱、盒安装要求。 （二）技能点 1. 线管配线、钢索配线的施工；2. 配电箱、盒安装。 单元4 电缆线路施工 （一）知识点 1. 电力电缆的结构；2. 电缆的名称、型号；3. 电缆线路的敷设要求；4. 电缆头制作步骤和要求。 （二）技能点 1. 直埋电缆敷设；2. 电缆沟敷设施工；3. 电缆中间接头及终端头的制作。		

课程名称	建筑电气施工技术	学时：60～70	理论 30 学时 实践 40 学时
教学内容	单元 5　变配电设备安装 （一）知识点 1. 灯具安装的方法；2. 照明配电箱安装步骤与要求；3. 开关、插座安装方法。 （二）技能点 1. 照明灯具、开关、插座的安装；2. 照明配电箱安装；3. 节能照明设备的安装。 单元 6　防雷与接地装置安装 （一）知识点 1. 防雷装置安装要求；2. 接地装置安装要求。 （二）技能点 1. 防雷装置安装；2. 接地装置安装。 单元 7　建筑弱电工程安装 （一）知识点 1. 火灾自动报警系统安装要求；2. 综合布线系统安装要求；3. 有线电视系统安装要求 （二）技能点 1. 火灾自动报警系统的安装；2. 综合布线施工；3. 有线电视系统的安装		
实训项目及内容	项目 1　室内配线施工实训； 项目 2　电缆头制作及绝缘电阻测量； 项目 3　变配电设备认知及硬母线加工； 项目 4　照明装置安装； 项目 5　防雷及接地装置安装； 项目 6　建筑弱电设备安装		
教学方法建议	项目教学法、实训教学法、案例教学法		
教学场所要求	校内完成（多媒体教室、实训室）		
考核评价要求	考核应涵盖知识、技能、态度三方面，考核成绩的评定以学生学习任务完成情况为基础，既重视学习课程成果，也重视学习课程实施过程中的职业态度、科学性、规范性和创造性，考核方式可采取学生自评、小组互评以及教师评价相结合		

建筑电气工程造价课程简介　　　　　　　　附表 4

课程名称	建筑电气工程造价	学时：60～80	理论 30～40 学时 实践 30～40 学时
教学目标	专业能力： 1. 具备识读电气施工图的能力； 2. 具备收集、查阅资料的能力； 3. 具备从事建筑电气工程预算的能力； 4. 具备编制工程预（结）算的能力； 5. 具备工程量清单报价的能力；		

课程名称	建筑电气工程造价	学时：60～80	理论 30～40 学时 实践 30～40 学时
教学目标	6. 具备建筑电气工程预算的审核能力； 7. 具备使用预算软件的能力； 8. 具有获得建筑电气造价员证书能力。 方法能力： 1. 具有独立学习和继续学习能力； 2. 具有分析问题、解决问题能力； 3. 具有适应职业岗位变化的能力。 社会能力： 1. 具有较强人际交往能力； 2. 具有一定的公共关系处理能力； 3. 具有一定的语言表达和写作能力； 4. 具有劳动组织专业协调能力		
教学内容	单元1 学习领域认知 （一）知识点 1. 建筑电气造价的基本概述；2. 工程造价的组成及其相关概念；3. 工程造价管理及其基本内容。 （二）技能点 1. 电气工程造价工作程序的确定；2. 工程造价资料的搜集。 单元2 照明工程造价 （一）知识点 1. 照明工程工程量的计算规则与方法；2. 照明工程费用计算方法；3. 定额；4. 专业软件。 （二）技能点 1. 建筑电气照明工程图的识读；2. 照明工程施工图造价计算；3. 招标承包工程投标报价；4. 照明工程施工图造价编制。 单元3 消防工程造价 （一）知识点 1. 电气消防工程工程量计算规则与方法；2. 工程竣工结算的编制方法；3. 消防工程施工图造价编制方法。 （二）技能点 1. 建筑电气消防工程施工图的识读；2. 编制消防工程施工图预算；3. 消防工程施工图结算。 单元4 动力工程造价 （一）知识点 1. 工程量的计算方法与规则；2. 动力工程施工图造价编制方法。 （二）技能点 1. 动力工程图的识图；2. 编制动力工程施工图造价书；3. 对招标承包工程进行投标报价。 单元5 弱电工程造价 （一）知识点 1. 弱电工程的计算规则与方法；2. 弱电工程施工图造价编制方法。 （二）技能点 1. 弱电工程施工图的识读；2. 编制弱电工程施工图造价书。		

课程名称	建筑电气工程造价	学时：60～80	理论 30～40 学时 实践 30～40 学时
教学内容	单元6　工程量清单计价与招投标 （一）知识点 1. 工程量清单的基本概念；2. 工程量清单计价的编制方法；3. 招投标报价的编制方法。 （二）技能点 1. 编制工程量清单；2. 工程量清单计价；3. 招标承包工程投标报价；4. 工程量清单计价软件应用。 单元7　综合楼电气工程造价实训 1. 任务引导及工作策划；2. 识读综合楼电气工程图纸；3. 分项工程项目表的编制；4. 工程量计算表的编制；5. 主要材料表的编制；6. 设备表的编制；7. 应用电气造价软件编制施工图造价书		
实训项目及内容	项目1　照明工程施工图造价编制； 项目2　动力工程施工图造价编制； 项目3　消防工程施工图造价编制； 项目4　弱电工程施工图造价编制； 项目5　综合楼施工图造价编制		
教学方法建议	角色扮演法、参与型教学法、项目教学法、任务驱动法、实训教学法、案例教学法		
考核评价要求	考核应涵盖知识、技能、态度三方面，考核成绩的评定以学生学习任务完成情况为基础，既重视学习课程成果，也重视学习课程实施过程中的职业态度、科学性、规范性和创造性，考核方式可采取学生自评、小组互评以及教师评价相结合		

建筑电气施工组织与管理课程简介　　　　　　　　　　　　附表5

课程名称	建筑电气施工组织与管理	学时：60～70	理论 40 学时 实践 30 学时
教学目标	专业能力： 1. 了解组织管理的基本知识； 2. 熟悉相关的规范； 3. 具备编写建筑电气工程内业能力； 4. 具备施工管理能力。 方法能力： 1. 具有独立学习和继续学习能力； 2. 具有分析问题、解决问题能力； 3. 具有适应职业岗位变化的能力。 社会能力： 1. 具有较强人际交往能力； 2. 具有一定的公共关系处理能力； 3. 具有一定的语言表达和写作能力； 4. 具有劳动组织专业协调能力		

课程名称	建筑电气施工组织与管理	学时：60～70	理论40学时 实践30学时
教学内容	单元1　建筑电气工程成本控制 （一）知识点 1. 建筑电气工程计量与计价知识；2. 工程施工工序知识；3. 工程投标基本知识。 （二）技能点 1. 建筑电气工程工程量的计算；2. 计量计价文件的应用；3. 工料分析；4. 编制建筑电气工程工程预算；5. 工程投标文件的编写。 单元2　施工管理 （一）知识点 1. 技术资料管理知识；2. 工程合同知识；3. 安装工程的施工组织设计方法；4. 施工安全管理知识；5. 施工质量检验与验收管理知识。 （二）技能点 1. 工程招投标与合同管理；2. 编制安装工程的施工组织设计；3. 施工质量管理；4. 施工过程管理；5. 施工安全管理；6. 施工事故的分析处理；7. 强弱电工程竣工验收		
实训项目及内容	项目1　照明工程技术内业及质量内业实训 项目2　防火卷帘施工方案的编制 项目3　建筑电气施工组织管理综合技能训练		
教学方法建议	项目教学法、实训教学法、案例教学法		
教学场所要求	校内完成（多媒体教室、计算机房）		
考核评价要求	考核应涵盖知识、技能、态度三方面，考核成绩的评定以学生学习任务完成情况为基础，既重视学习课程成果，也重视学习课程实施过程中的职业态度、科学性、规范性和创造性，考核方式可采取学生自评、小组互评以及教师评价相结合		

3　教学进度安排及说明

（1）专业教学进程安排（按校内5学期安排）

建筑电气工程技术专业按校内5个学期安排教学计划，各院校可在本教学基本要求的基础上，结合各自学校实际情况，对本教学进程进行调整。

建筑电气工程技术专业教学进程安排　　　　　　　　　　　　　　　　附表6

课程类别	序号	课程名称	学　时			课程按学期安排					
			理论	实践	合计	一	二	三	四	五	六
必修课		一、文化基础课									
	1	思想道德修养与法律基础	30	1W	30	√					
	2	毛泽东思想与中国特色社会主义理论体系	30	1W	30		√				
	3	形势与政策	30	1W	30			√			

课程类别	序号	课程名称	学　时			课程按学期安排					
			理论	实践	合计	一	二	三	四	五	六
必修课	4	国防教育与军事训练	30	1W	30				√		
	5	大学英语	120		120	√	√				
	6	体育与健康	20	120	140	√	√	√	√		
	7	大学人文基础	30		30		√				
	8	大学应用数学基础	80		80	√					
	9	计算机应用基础	30	30	60	√					
		小计	400	150	550						
		二、专业课									
	10	安装工程制图与识图	20	20	40	√					
	11	建筑电气CAD	22	22	44		√				
	12	电工电子技术	94	40	134	√	√				
	13	变频调试与PLC	30	42	72			√			
	14	建筑供配电与照明工程技术★	50	30	80			√			
	15	建设法规	40		40		√				
	16	建筑电气控制系统安装与调试	40	32	72			√			
	17	建筑弱电工程技术	90	84	174			√			
	18	建筑消防电气技术★	40	40	80					√	
	19	建筑构造	40		40		√				
	20	建筑电气工程造价★	38	30	68					√	
	21	建筑电气工程施工组织与管理★	28	40	68					√	
	22	建筑电气工程施工技术★	38	30	68					√	
	23	工程测量	14	16	30			√			
		小计	584	426	1010						
选修课		三、限选课									
	24	安装工程监理	24		24					√	
	25	工程谈判技巧	20	10	30			√			
	26	办公自动化	20	10	30			√			
		小计	64	20	84						
		四、任选课									
	27	各校自己确定	26	20	46						
	28										
		小计	26	20	46						
		合计	1074	616	1690						

注：1. 标注★的课程为专业核心课程。

2. W为假期组织的专用周，不占正常课时。

3. 限选课除本专业教学要求列出课程外，各院校可根据各自发展需要设置相应课程。

4. 任选课由各院校根据各自发展需要设置相应课程。

（2）实践教学安排

本专业的专业课程均支持相应的专业技能。为更好地掌握专业技能，拓展学生就业途径，各院校可以配置相对应的实训课程，实训内容可以将某个专业技能中核心部分拿出来操作训练、也可以将几个专业技能合并在一起进行操作训练，具体由各院校根据自身特点和条件自定。附表7列出的是本专业的基本实训项目，基本实训项目应安排学生进行操作训练。基本实训项目以外的为选择实训项目或拓展实训项目，选择实训项目或拓展实训项目由各院校根据自身特色和发展需要自行确定。

建筑电气工程技术专业实践教学安排　　　　　　　　　　　　　附表7

序号	项目名称	教学内容	对应课程	学时	实践教学项目按学期安排					
					一	二	三	四	五	六
1	认识实习	对本专业实际运用理解		30	√					
2	用CAD绘图训练	绘制本专业平面与系统图	建筑电气CAD	30		√				
3	电工与电子技术实训	电工与电子技术基础实训	电工与电子技术	30	√	√				
4	变频调速与编程实训	变频调速、可编程控制器控制实训	变频调试与PLC	42			√			
5	建筑配电与照明设计	完成一多层综合楼配电与照明设计	建筑供配电与照明	30			√			
6	建筑电气设备安装施工实训	变压器安装、配电柜（箱）安装、低压电器安装、灯具插座安装、线路敷设、防雷与接地装置安装	建筑电气工程施工	30					√	
7	楼宇设备操作训练	楼宇设备监控系统，门禁系统，可视对讲系统训练	建筑弱电工程技术	20				√		
8	建筑电气控制系统安装与调试	电机直接启动、降压启动控制及制动控制实训；电梯编程、操作；锅炉运行安装	建筑电气控制系统安装与调试	32				√		
9	信息与网络系统安装	综合布线系统线路安装、配线架与交换机安装、系统调试；计算机网络安装调试	建筑弱电工程技术	28				√		

序号	项目名称	教学内容	对应课程	学时	实践教学项目按学期安排					
---	---	---	---	---	一	二	三	四	五	六
10	弱电系统安装	广播与电视电话系统实训	建筑弱电工程技术	36				√		
11	建筑消防电气系统设计	给出一具体工程项目,对火灾自动报警与联动控制系统进行设计	建筑消防电气技术	40					√	
12	建筑电气工程施工组织设计	给出一实际工程,进行施工组织设计	建筑电气工程施工组织与管理	30					√	
13	建筑电气工程施工图预算	给出一具体工程项目施工图,进行施工图预算	建筑电气工程造价	40					√	
14	测量训练	采用案例训练	工程测量	16			√			
合计				434						

注:每天按 6 学时、每周按 30 学时计算。

（3）教学安排说明

1）在校总周数

在校总周数不少于 100 周。

2）实行学分制时，专业教育总学分数、学分分配以及学时与学分的折算办法如下：

理论教学课的课时一般按 14～18 个课时计算为一个学分，实践教学一般按 30 个课时（或一个集中周训练）计算为一个学分。教学总学时控制在 3000 个课时±5％内，实践教学的学时应不少于总学时的 45％，不高于总学时的 55％，实践教学采用集中周实训的，一周学时按 30 个学时计算，专业实践训练课的学分宜为总学分的 28％左右。毕业总学分150 学分左右。

附录 2

高职高专教育建筑电气工程技术专业
校内实训及校内实训基地建设导则

1 总 则

1.0.1 为了加强和指导高职高专教育建筑电气工程技术专业校内实训教学和实训基地建设，强化学生实践能力，提高人才培养质量，特制定本导则。

1.0.2 本导则依据建筑电气工程技术专业学生的专业能力和知识的基本要求制定，是《高职高专教育建筑电气工程技术专业教学基本要求》的重要组成部分。

1.0.3 本导则适用于建筑电气工程技术专业校内实训教学和实训基地建设。

1.0.4 本专业校内实训与校外实训应相互衔接，实训基地与相关专业及课程实现资源共享。

1.0.5 建筑电气工程技术专业的校内实训教学和实训基地建设，除应符合本导则外，尚应符合国家现行标准、政策的规定。

2 术 语

2.0.1 实训

在学校控制状态下，按照人才培养规律与目标，对学生进行职业能力训练的教学过程。

2.0.2 基本实训项目

与专业培养目标联系紧密，且学生必须在校内完成的职业能力训练项目。

2.0.3 选择实训项目

与专业培养目标联系紧密，根据学校实际情况，宜在学校开设的职业能力训练项目。

2.0.4 拓展实训项目

与专业培养目标相联系，体现专业发展特色，可在学校开展的职业能力训练项目。

2.0.5 实训基地

实训教学实施的场所，包括校内实训基地和校外实训基地。

2.0.6 共享性实训基地

与其他院校、专业、课程共用的实训基地。

2.0.7 理实一体化教学法

即理论实践一体化教学法，将专业理论课与专业实践课的教学环节进行整合，通过设定的教学任务，实现边教、边学、边做。

2.0.8 建筑电气

"建筑电气"广义的解释是：以建筑为平台，以电气技术为手段，在有限空间内，为创造人性化生活环境的一门应用科学。

"建筑电气"狭义的解释是：在建筑物中，利用现代化先进的科学理论及电气技术（含电力技术、信息技术和智能化技术和智能化技术等），创造一个人性化环境的电气系统，统称为建筑电气。

2.0.9 深化设计

"深化设计"是指在业主或设计顾问提供的条件图或原理图的基础上，结合施工现场实际情况，对图纸进行细化、补充和完善。深化设计后的图纸满足业主或设计顾问的技术要求，符合相关地域的设计规范和施工规范，并通过审查，图形合一，能直接指导现场施工。

3 校内实训教学

3.1 一般规定

3.1.1 建筑电气工程技术专业必须开设本导则规定的基本实训项目，且应在校内完成。

3.1.2 建筑电气工程技术专业应开设本导则规定的选择实训项目，且宜在校内完成。

3.1.3 学校可根据本校专业特色，选择开设拓展实训项目。

3.1.4 实训项目的训练环境宜符合楼宇智能工程的真实环境。

3.1.5 本章所列实训项目，可根据学校所采用的课程模式、教学模式和实训教学条件，采取理实一体化教学或独立与理论教学进行训练；可按单个项目开展训练或多个项目综合开展训练。

3.2 基本实训项目

3.2.1 建筑电气工程技术专业的基本实训项目应符合表 3.2.1 的要求。

建筑电气工程技术专业基本实训项目　　　　　　　表 3.2.1

序号	实训项目	能力目标	实训内容	实训方式	评价要求
1	认识实习	对本专业实际运用范围，设备及作用的认知能力	照明设备，变配电设备，锅炉房设备，电梯设备，给水排水系统，空调系统设备及消防系统等参观	分别在设备或系统现场，观看、讲解、演示操作	对学生实习报告评价，同时对出勤、学习态度均作评价
2	用CAD绘图训练	具有灵活应用CAD各种命令的能力；具有应用CAD绘制本专业强弱电平面图与系统图的能力	照明、消防、控制的平面图与系统图绘制	实操	对学生实操过程、结果进行评价，实操结果评价应参照所绘图纸

序号	实训项目	能力目标	实训内容	实训方式	评价要求
3	电工与电子技术实训	具有各种设备仪器使用能力；具有电路操作能力	电工与电子技术基础实训	实操	对学生实操过程、结果进行评价，实操结果评价应参照所做实验
4	变频调速与编程实训	变频调速系统的分析与操作能力；可编程控制器控制操作与编程能力	变频调速、可编程控制器控制实训	实操	对学生实操过程、结果进行评价，实操结果评价应参照所做实验
5	建筑配电与照明设计	具有配电设计能力；具有照明设计能力	完成一多层综合楼配电与照明设计	设计	对学生实操过程、结果进行评价，实操结果评价应参照现行《建筑照明设计标准》GB 50034 和《民用建筑电气设计规范》JGJ 16 的要求
6	建筑电气设备安装施工实训	具有设备安装、调试及维护能力	变压器安装、配电柜（箱）安装、低压电器安装、灯具插座安装、线路敷设、防雷与接地装置安装	实操	对学生实操过程、结果进行评价，实操结果评价应参照所做实训
7	楼宇设备操作训练	楼宇设备安装及监控能力	楼宇设备监控系统，门禁系统，可视对讲系统训练	实操	对学生实操过程、结果进行评价，实操结果评价应参照现行《智能建筑工程质量验收规范》GB 50339 的要求
8	建筑电气控制系统安装与调试	具备建筑常用设备操作控制能力	电机直接启动、降压启动控制及制动控制实训；电梯编程、操作；锅炉运行安装	实操	对学生实操过程、结果进行评价，实操结果评价应参照现行《电气控制设备》GB/T 3797 的要求
9	信息与网络系统安装	具备光纤连接的能力；具有系统组网及安装调试能力	综合布线系统线路安装、配线架与交换机安装、系统调试；计算机网络安装调试	实操	安装及设计结果应符合规范要求

序号	实训项目	能力目标	实训内容	实训方式	评价要求
10	弱电系统安装	具备广播、卫星电视天线和接收设备安装、维护的能力	电话交换系统程控交换机硬件安装、调试；有线电视安装用户分配网的线路、器材，对分配网进行维护	实操	对学生实操过程、结果进行评价，实操结果评价应参照现行《建筑电气工程施工质量验收规范》GB 50303和《民用建筑电气设计规范》JGJ 16 的要求
11	建筑消防电气系统设计	具备火灾自动报警及消防联动系统运行设计、安装、检测、维护能力	给出一具体工程项目，对火灾自动报警与联动控制系统进行设计	实操	对学生实操过程、结果进行评价，实操结果评价应参照现行《火灾自动报警系统设计规范》GB 50116 的要求
12	建筑电气工程施工组织设计	具有施工组织设计能力	给出一实际工程，进行施工组织设计	设计	对学生实操过程、结果进行评价，实操结果评价应参照现行《建筑施工组织设计规范》GB/T 50502 的要求
13	建筑电气工程造价训练	具有本专业工程造价编制能力	给出一具体工程项目施工图，进行施工图预算	实操	对学生实操过程、结果进行评价，实操结果评价应参照《全国统一安装工程预算定额》的要求
14	测量训练	会用测量设备；具有工程测量能力	采用案例训练	实操	对学生实操过程、结果进行评价，实操结果评价应参照所做实训

3.3 选 择 实 训 项 目

3.3.1 建筑电气工程技术专业的选择实训项目应符合表 3.3.1 的要求。

建筑电气工程技术专业的选择实训项目　　　　　　　　表 3.3.1

序号	实训项目	能力目标	实训内容	实训方式	评价要求
1	照明实训	应使学生具备用专业设计软件进行照明设计的能力	1. 照明设计 2. 局部设备选择与安装	实操	对学生实操过程、结果进行评价，实操结果评价应参照现行《建筑照明设计标准》GB 50034 和《民用建筑电气设计规范》JGJ 16 的要求

序号	实训项目	能力目标	实训内容	实训方式	评价要求
2	综合布线系统实训	应使学生具备光纤连接的能力	光纤连接	实操	对学生实操过程、结果进行评价，实操结果评价应参照现行《智能建筑工程质量验收规范》GB 50339 的要求
3	火灾自动报警及消防联动系统实训	应使学生具备火灾自动报警及消防联动系统运行检测、维护能力	1. 对消防系统故障进行排查； 2. 对消防设备进行定期检测、维护	实操	对学生实操过程、结果进行评价，实操结果评价应参照现行《火灾自动报警系统设计规范》GB 50116、《建筑设计防火规范》GB 50016 的要求
4	卫星电视天线实训	应使学生具备卫星电视天线和接收设备安装、维护的能力	1. 安装卫星电视天线和接收设备； 2. 卫星电视天线和接收设备进行维护	实操	对学生实操过程、结果进行评价，实操结果评价应参照现行《建筑电气工程施工质量验收规范》GB 50303 和《民用建筑电气设计规范》JGJ 16 的要求
5	建筑设备监控系统实训	1. 应使学生具备中央控制站的维护能力； 2. 学生能对系统进行故障诊断	1. 中央控制站进行维护； 2. 对现场设备进行故障诊断	实操	对学生实操过程、结果进行评价，实操结果应符合实际工作状况
6	建筑电气控制实训	应使学生具备建筑常用设备操作控制能力	1. 现代生产设备产品生产、创新设计； 2. 电梯调试； 3. 空调系统控制操作； 4. 锅炉房动力设备控制操作	实操	对学生实操过程、结果进行评价，实操结果评价应参照现行《电气控制设备》GB/T 3797 的要求

3.4 拓展实训项目

3.4.1 建筑电气工程技术专业可根据本校专业特色自主开设拓展实训项目。

3.4.2 建筑电气工程技术专业开设综合系统布线实训、会议系统、视频会议系统实训、系统集成实训等拓展实训项目时，其能力目标、实训内容、实训方式、评价要求应符合表3.4.2 的要求。

序号	实训项目	能力目标	实训内容	实训方式	评价要求
1	供电实训	应使学生具备供电系统运行操作及工程设计能力	1. 电力系统模拟操作； 2. 采用软件进行供电设计	实操	对学生实操过程、结果进行评价，实操结果评价应参照现行《建筑照明设计标准》GB 50034 和《民用建筑电气设计规范》JGJ 16 的要求
2	综合布线系统实训	1. 应使学生具备综合布线的测试能力； 2. 会记录测试结果	1. 铜缆测试； 2. 光纤测试； 3. 记录综合布线系统的工程电气测试结果	实操	对学生实操过程、结果进行评价，实操结果评价应参照现行《综合布线系统工程设计规范》GB 50311 的要求
3	建筑电气控制实训	应使学生具备控制系统创新制作及维修能力	1. 现代控制生产线产品生产、创新设计与制作； 2. 电梯维护、保养； 3. 锅炉房动力设备编程操作	实操	对学生实操过程、结果进行评价，实操结果评价应参照现行《电气控制设备》GB/T 3797 的要求

3.5 实 训 教 学 管 理

3.5.1 各院校应将实训教学项目列入专业培养方案，所开设的实训项目应符合本导则要求。

3.5.2 每个实训项目应有独立的教学大纲和考核标准。

3.5.3 学生的实训成绩应在学生学业评价中占一定的比例，独立开设且实训时间 1 周及以上的实训项目，应单独记载成绩。

4 校 内 实 训 基 地

4.1 一 般 规 定

4.1.1 校内实训基地的建设，应符合下列原则和要求：

1. 因地制宜、开拓创新，具有实用性、先进性和效益性，满足学生职业能力培养的需要；

2. 源于现场、高于现场，尽可能体现真实的职业环境，体现本专业领域新材料、新技术、新工艺、新设备；

3. 实训设备应优先选用工程用设备。

4.1.2 各院校应根据学校区位、行业和专业特点，积极开展校企合作，探索共同建设生产性实训基地的有效途径，积极探索虚拟工艺、虚拟现场等实训新手段。

4.1.3 各院校应根据区域学校、专业以及企业布局情况，统筹规划、建设共享型实训基地，努力实现实训资源共享，发挥实训基地在实训教学、员工培训、技术研发等多方面的作用。

4.2 校内实训基地建设

4.2.1 校内实训基地的场地最小面积、主要设备及数量应符合表4.2.1-1～表4.2.1-6的要求。

注：本导则按照1个教学班实训计算实训设备。

电气供电与照明实训项目设备配置标准   表 4.2.1-1

序号	实训项目	实训类别	主要设备	单位	数量	实训室面积
1	实训项目1 室内照明线路敷设与设备安装	基本实训	开关、插座、灯具、管线等	套	10	不小于150m²
2	实训项目2 照明设计及局部设备选择与安装	选择实训	设计软件、配电箱、光源、管线等	套	5	
3	实训项目3 调光设计技能训练	拓展实训	调光台	套	5	
4	实训项目4 电力系统模拟操作综合训练	拓展实训	电力系统综合自动化实训装置，电力系统微机监控实训平台，含微机及数据打印设备	套	2	

综合布线系统实训项目设备配置标准   表 4.2.1-2

序号	实训项目	实训类别	主要设备	单位	数量	实训室面积
1	实训项目1	基本实训	配线架 综合布线常用设备	套	5	不小于50m²
2	实训项目2 通断测试实训	选择实训	通断测试仪	套	5	
3	实训项目3 铜缆测试实训	拓展实训	铜缆测试仪	套	5	
4	实训项目4 光纤测试实训	拓展实训	光纤测试仪	套	5	

火灾自动报警及消防联动系统实训项目设备配置标准   表 4.2.1-3

序号	实训任务	实训类别	主要设备名称	单位	数量	实训室面积
1	实训项目1 火灾自动报警与联动系统控制器实训	基本实训	控制回路；联动控制盘；消防广播主机；消防电话主机；直流备用电源	套	1	不小于50m²

序号	实训任务	实训类别	主要设备名称	单位	数量	实训室面积
2	实训项目2　火灾自动报警与联动系统实训	基本实训	火灾探测器、手动报警按钮、模块、区域显示器、广播音箱、消防电话等火灾自动报警系统常用设备	套	4	不小于50m²
3	实训项目3　喷淋系统演示实训	选择实训	喷淋系统演示实训装置	套	1	
4	实训项目4　防火卷帘门演示实训	选择实训	防火卷帘门演示实训装置	套	1	

建筑设备监控系统实训项目设备配置标准　　　　　　　表 4. 2. 1-4

序号	实训任务	实训类别	主要设备名称	单位	数量	实训室面积
1	实训项目1　中央空调监控系统实训	选择实训	模型结构，中央空调空气处理系统及水系统的工作流程。DDC控制器，Lon Works、BACnet或C-Bus等总线。联动和系统集成的接口。探测器、执行器等设备	套	1	不小于50m²
2	实训项目2　给水排水监控系统实训	选择实训	模型结构、DDC控制器、Lon-Works、BACnet或C-Bus等总线。联动和系统集成的接口	套	1	
3	实训项目3　供配电与照明监控系统实训	选择实训	数据采集控制器、模拟照明配电盘、模拟照明灯具、能源计量、电压和电流传感器、监控软件等。模拟照明配电盘、日光灯、荧光灯、LED灯等	套	1	
4	实训项目4　电梯监控系统实训	选择实训	模型结构，PLC控制器，Lon-Works、BACnet或C-Bus等总线。群控、联动和系统集成接口	套	1	

弱电系统实训项目设备配置标准　　　　　　　表 4. 2. 1-5

序号	实训任务	实训类别	主要设备	单位	数量	实训室面积
1	实训项目1　卫星及有线电视系统实训	基本、选择实训	卫星接收天线、工程型卫星接收机、功分器、定频调制器、变频调制器以及混合器	套	1	不小于50m²
			双向干线放大器、单向干线放大器、分配器、分支器及用户盒，并配备用于安装与调试的工具和测量仪表	套	4	

序号	实训任务	实训类别	主要设备	单位	数量	实训室面积
2	实训项目2 电话程控交换机系统实训	基本实训	电话程控交换机	台	5	不小于50m²
			电话机	台	20	
3	实训项目3 视频会议系统实训	拓展实训	前端摄像机、话筒、投影机、视频会议服务器、相关软件	套	1	
4	实训项目4 信息发布系统实训	基本实训	显示屏体、控制器、专用软件	套	1	
5	实训项目5 小型局域网实训	基本实训	网络服务器（安装2003server）	台	10	
			交换机（二层交换机）	台	2	
			路由器	台	10	
			计算机	台	10	

建筑电气控制实训项目设备配置标准　　　　　表4.2.1-6

序号	实训任务	实训类别	主要设备	单位	数量	实训室面积
1	实训1 传统的继电-接触控制接线、控制操作	基础实训	继电-接触控制设备	套	10	不小于50m²
2	实训2 现代生产线设备安装控制、操作		生产线	套	1	
3	实训3 电梯运行操作、编程		实验电梯、编程器	台	4	
4	实训4 现代生产设备产品生产、创新设计	选择实训	生产线	套	1	
5	实训5 电梯调试		实验电梯	台	4	
6	实训6 空调系统控制操作		空调控制系统	套	1	
7	实训7 锅炉房动力设备控制操作		锅炉动力控制系统	套	1	
8	实训8 现代控制生产线产品生产、创新设计与制作	选择实训	生产线创新台	套	1	
9	实训9 电梯维护、保养		实验电梯	台	4	
10	实训10 锅炉房动力设备编程操作		锅炉动力控制系统	套	1	

4.3 校内实训基地运行管理

4.3.1 学校应设置校内实训基地管理机构，对实践教学资源进行统一规划，有效使用。

4.3.2 校内实训基地应配备专职管理人员，负责日常管理。

4.3.3 学校应建立并不断完善校内实训基地管理制度和相关规定，使实训基地的运行科学有序，探索开放式管理模式，充分发挥校内实训基地在人才培养中的作用。

4.3.4 学校应定期对校内实训基地设备进行检查和维护，保证设备的正常安全运行。

4.3.5 学校应有足额资金的投入，保证校内实训基地的运行和设施更新。

4.3.6 学校应建立校内实训基地考核评价制度，形成完整的校内实训基地考评体系。

5 实 训 师 资

5.1 一 般 规 定

5.1.1 实训教师应履行指导实训、管理实训学生和对实训进行考核评价的职责。实训教师可以专兼职。

5.1.2 学校应建立实训教师队伍建设的制度和措施，有计划地对实训教师进行培训。

5.2 实训师资数量及结构

5.2.1 学校应依据实训教学任务、学生人数合理配置实训教师，每个实训项目不宜少于2人。

5.2.2 各院校应努力建设专兼结合的实训教师队伍，专兼职比例宜为1∶1。

5.3 实训师资能力及水平

5.3.1 学校专任实训教师应熟练掌握相应实训项目的技能，宜具有工程实践经验及相关职业资格证书，具备中级（含中级）以上专业技术职务。

5.3.2 企业兼职实训教师应具备本专业理论知识和实践经验，经过教育理论培训；指导工种实训的兼职教师应具备相应专业技术等级证书，其余兼职教师应具有中级及以上专业技术职务。

附 录 A 校 外 实 训

A.1 一 般 规 定

A.1.1 校外实训是学生职业能力培养的重要环节，各院校应高度重视，科学实施。

A.1.2 校外实训应以实际工程项目为依托，以实际工作岗位为载体，侧重于学生职业综合能力的培养。

A.2 校 外 实 训 基 地

A.2.1 校外实训基地应能提供与本专业培养目标相适应的职业岗位，并宜对学生实施轮岗实训。

A.2.2 校外实训基地应具备符合学生实训的场所和设施，具备必要的学习及生活条件，并配置专业人员指导学生实训。

A.3 校外实训管理

A.3.1 校企双方应签订协议，明确责任，建立有效的实习管理工作制度。

A.3.2 校企双方应有专门机构和专门人员对学生实训进行管理和指导。

A.3.3 校企双方应共同制定学生实训安全制度，采取相应措施保证学生实训安全，学校应为学生购买意外伤害保险。

A.3.4 校企双方应共同成立学生校外实训考核评价机构，共同制定考核评价体系，共同实施校外实训考核评价。

附录 B 本导则引用标准

1. 建筑工程施工质量验收统一标准 GB 50300
2. 建筑电气工程施工质量验收规范 GB 50303
3. 智能建筑设计标准 GB/T 50314
4. 智能建筑工程质量验收规范 GB 50339
5. 居住区智能化系统配置与技术要求 CJ/T174
6. 综合布线系统工程设计规范 GB 50311
7. 建筑物电子信息系统防雷技术规范 GB 50343
8. 综合布线系统工程验收规范 GB 50312
9. 火灾自动报警系统设计规范 GB 50116
10. 火灾自动报警系统施工及验收规范 GB 50166
11. 安全防范工程技术规范 GB 50348
12. 入侵报警系统工程设计规范 GB 50394
13. 视频安防监控系统工程设计规范 GB 50395
14. 出入口控制系统工程设计规范 GB 50396
15. 建筑设计防火规范 GB 50016
16. 建筑采光设计标准 GB 50033
17. 建筑照明设计标准 GB 50034
18. 电子信息系统机房设计规范 GB 50174
19. 智能建筑工程施工规范 GB 50606
20. 电气控制设备 GB/T 3797
21. 民用建筑电气设计规范 JGJ 16
22. 建筑施工组织设计规范 GB/T 50502

本导则用词说明

为了便于在执行本导则条文时区别对待，对要求严格程度不同的用词说明如下：

1. 表示很严格，非这样做不可的用词：

正面词采用"必须"；

反面词采用"严禁"。

2. 表示严格，在正常情况下均应这样做的用词：

正面词采用"应"；

反面词采用"不应"或"不得"。

3. 表示允许稍有选择，在条件许可时首先应这样做的用词：

正面词采用"宜"或"可"；

反面词采用"不宜"。